贵州黑山羊科学养殖技术

韩 勇 编著

中国农业科学技术出版社

图书在版编目（CIP）数据

贵州黑山羊科学养殖技术 / 韩勇编著 . —北京：中国农业科学技术出版社，2020. 11（2022. 11 重印）

ISBN 978-7-5116-5078-8

Ⅰ. ①贵… Ⅱ. ①韩… Ⅲ. ①山羊-饲养管理 Ⅳ. ①S827

中国版本图书馆 CIP 数据核字（2020）第 218887 号

责任编辑 张国锋
责任校对 马广洋

出 版 者 中国农业科学技术出版社
北京市中关村南大街 12 号 邮编：100081
电　　话 (010)82106636(编辑室) (010)82109702(发行部)
(010)82109709(读者服务部)
传　　真 (010)82106631
网　　址 http://www.castp.cn
经 销 者 各地新华书店
印 刷 者 北京捷迅佳彩印刷有限公司
开　　本 880 mm×1 230 mm 1/32
印　　张 8
字　　数 230 千字
版　　次 2020 年 11 月第 1 版 2022 年 11 月第 2 次印刷
定　　价 48. 00 元

作者简介

韩勇，贵州织金县人，中共党员，1978年生，博士后，副研究员。2009年贵州省人才办公室引进高层次人才，硕士研究生导师，贵州省千层次科技人才，2014年获贵州省高层次人才服务绿卡。现任贵州省畜牧兽医研究所副所长、党委委员。

主要从事动物营养、康体养生畜产品、生态养殖投入品研究工作，先后主持完成国家自然科学基金、国家重点研发计划子项、贵州省重大科技专项、贵州省农业攻关等各类项目17项；参与各级各类项目近30项。

先后获国家发明专利3项、实用新型专利1项。先后获北京市科技进步二等奖、贵州省科技进步三等奖、大北农科技奖各1项；独立或合作发表研究论文56篇，其中SCI论文7篇、国家一级学报3篇、核心期刊15篇；独著《贵州常见野生牧草营养价值评定》、副主编《羔羊早期断奶与高效育肥技术》、参编专著《贵州饲用植物彩色图谱》。

内容简介

本书是一本关于贵州黑山羊生态高效养殖的著作。书中结合团队相关研究成果，对贵州黑山羊特征特性、养殖场选址布局与设施建设、养殖场相关规程建设、科学管理与繁殖选育、优质羔羊培育、养殖常用饲草饲料，以及常见疫病防控及安全用药等方面进行了综合阐述。

本书主要面向山羊养殖领域的研究、教学和养殖人员，可供动物营养领域的教学和科研工作者参考，也可作为具有畜牧兽医背景的山羊业生产管理从业人员参考资料。

前　言

贵州黑山羊是经过长期自然选择和风土驯化形成的本地山羊品种，适应性、耐粗饲能力、抗病和抗逆性强，是贵州生态肉羊产业发展的优势畜种。

在国家重点研发计划（2018YFD0501902）、贵州省科技计划（黔科合服企〔2020〕4009）、肉羊培育与产业化学科团队建设项目（黔牧医所团队培育〔2018〕03 号）等项目的资助下，作者结合多年来的研究成果，编著了此书。书中重点围绕种羊选择、选址布局、饲草饲料、规程建设、繁殖选育、疫病防控及安全用药等贵州黑山羊科学养殖的关键环节进行了综合阐述，对提高贵州黑山羊养殖技术水平，提高养殖效益方面均具有积极的促进作用。在写作过程中，力求符合科学性、综合性、适用性原则。

由于作者水平有限，尽管做了很大努力，但书中不当之处仍在所难免，希望广大读者不吝批评指正。

韩　勇

2020 年 5 月

目　录

第一章　贵州黑山羊特征特性 …… 1
第一节　贵州黑山羊品种介绍 …… 1
第二节　贵州黑山羊生物学特性 …… 3
第三节　贵州黑山羊种羊选择及评定 …… 6
第二章　养殖场地选址布局与设施建设 …… 14
第一节　场址选址 …… 14
第二节　场地布局 …… 17
第三节　羊舍建造 …… 21
第四节　辅助设施建设 …… 24
第五节　羊舍环境保护 …… 27
第三章　贵州黑山羊养殖场相关规程建设 …… 29
第一节　引进羊群管理规程 …… 29
第二节　人员及车辆管理规程 …… 31
第三节　消毒管理规程 …… 32
第四节　重大疫情防控规程 …… 35
第五节　羊场推荐免疫程序 …… 36
第六节　生物管制规程 …… 37
第七节　病死羊处理规程 …… 38
第八节　从业人员自我防护制度 …… 38
第九节　推荐驱虫保健程序 …… 39

第十节 疫病诊疗及防控制度 …… 40
第四章 贵州黑山羊科学管理 …… 42
第一节 精细化分群 …… 42
第二节 各类羊的科学饲养 …… 43
第五章 贵州黑山羊繁殖选育技术 …… 68
第一节 贵州黑山羊繁殖生理 …… 68
第二节 配种时间和配种方法 …… 71
第三节 受精与妊娠分娩 …… 76
第四节 提高繁殖率的技术措施 …… 80
第五节 贵州黑山羊选育技术 …… 83
第六节 贵州黑山羊的选配方法 …… 86
第六章 优质羔羊培育 …… 89
第一节 羔羊培育意义及早期断奶对消化道的影响 …… 89
第二节 贵州黑山羊羔羊早期断奶技术 …… 93
第三节 羔羊免疫及常发疫病预防 …… 97
第七章 贵州黑山羊养殖常用饲草饲料 …… 99
第一节 常用饲料 …… 99
第二节 贵州黑山羊养殖人工草地建植常用牧草品种 …… 112
第三节 人工草地建设与天然草地改良技术 …… 113
第四节 贵州黑山羊常用野生牧草及养分评定 …… 115
第五节 贵州黑山羊养殖几种精饲料及人工种植牧草营养价值 …… 125
第八章 优质青贮饲料制作技术 …… 132
第一节 调制优质青贮饲料的条件 …… 132
第二节 青贮设备 …… 133

第三节 优质全株青贮玉米调制…………………………………… 135
第九章 贵州黑山羊常见疫病防控………………………………… 140
第一节 普通病防治…………………………………………………… 140
第二节 寄生虫病防治……………………………………………… 147
第三节 传染病防治…………………………………………………… 151
第四节 羊群食物中毒防治技术………………………………… 161
第十章 安全用药………………………………………………………… 163
第一节 常用药品购买……………………………………………… 163
第二节 常用药品储藏与保管…………………………………… 166
第三节 科学给药方法……………………………………………… 170
第四节 合理用药……………………………………………………… 179
第十一章 兽药种类及科学使用要求…………………………… 186
第一节 抗微生物药物……………………………………………… 186
第二节 抗寄生虫药物……………………………………………… 202
第三节 清热抗炎药…………………………………………………… 215
第四节 瘤胃兴奋药及胃肠运动促进药……………………… 219
第五节 制酵药与消沫药…………………………………………… 220
第六节 泻药与止泻药……………………………………………… 223
第七节 生殖系统药…………………………………………………… 226
第十二章 贵州黑山羊养殖档案………………………………… 229
参考文献……………………………………………………………………… 243

第三节 优质全株青贮玉米调制 …… 135

第九章 贵州黑山羊常见疫病防控 …… 140

第一节 普通病防治 …… 140

第二节 寄生虫病防治 …… 147

第三节 传染病防治 …… 154

第四节 羊群饲养中疾病防治技术 …… 163

第十章 安全用药 …… 165

第一节 常用药品购买 …… 165

第二节 常用药品储藏与保管 …… 166

第三节 科学给药方法 …… 170

第四节 用药记录 …… 179

第十一章 兽药种类及科学使用要求 …… 186

第一节 抗微生物药物 …… 186

第二节 抗寄生虫药物 …… 202

第三节 消毒防腐药 …… 215

第四节 解热镇痛药及中枢神经系统用药 …… 219

第五节 调节新陈代谢药 …… 220

第六节 营养与生长促进药 …… 225

第七节 生殖系统药 …… 226

第十二章 贵州黑山羊养殖档案 …… 229

参考文献 …… 243

第一章　贵州黑山羊特征特性

第一节　贵州黑山羊品种介绍

一、体貌特征

贵州黑山羊是经过长期自然选择和风土驯化形成的本地山羊品种，适应性、耐粗饲能力、抗病和抗逆性强，2009 年通过国家畜禽遗传资源委员会评定，入选《中国畜禽遗传资源志：羊志》。贵州黑山羊游走能力很强，采食性很广，能采食野外 80%以上的植物种类，比较适合山地放牧。贵州黑山羊是贵州生态肉羊产业的优势畜种，当前贵州肉羊存栏 380.25 万只，山羊存栏约占 95%，存栏约 361.24 万只，其中贵州黑山羊存栏约占山羊总存栏数的 70%，存栏约 252.87 万只。

贵州黑山羊全省均有分布，全身被毛黑色，体格适中，结构紧凑，体型呈扁长方形，颌细长，头清秀，性情灵敏好动（图 1-1，图 1-2）。多数有须、角，无角羊（俗称马头羊）仅占 9.24%。角一般向上向外扭转延伸，少数为镰刀状或倒八字形。颈细长，部分颈下有一对肉垂。体躯呈扁长方形，腹围相对较大，后躯略高，斜尻。尾上翘，四肢较长且强健有力，蹄质坚实，行动矫捷。被毛以黑色短毛型居多，占 60.3%，麻色占 20.6%，白色占 8.3%，杂色占 10.8%。据被毛长短和着生部位的不同，可分长毛型、半长毛型和短毛型 3 种，即俗称的“蓑衣羊”“半蓑衣羊”和“滑板羊”。长毛型即体躯主要部位着生 10~15cm 长的覆盖毛；半长毛型指着生在体躯下缘的长毛；

短毛型即主要部位覆盖毛的长度为 3~5cm。

图 1-1　贵州黑山羊 ♂

图 1-2　贵州黑山羊 ♀

二、生长繁殖

公羊性成熟早，3~4月龄即有爬跨行为，6月龄左右便可用来配种。母羊初情期为5~6月龄，初配年龄多在8~10月龄，故乳齿羊产羔者常见。母羊发情持续期2~3d，发情周期20d左右，妊娠期150d。产羔多在春秋两季，以春季较为集中。海拔较高的地区一般为1年1胎，海拔较低地区有两年3胎或1年2胎。据本团队1 466胎次调查，初产母羊每胎产羔1.21只，经产母羊每胎产羔1.49只，以第3~6胎双羔率高。

初生羔羊体重，公羔1.83kg，母羔1.74kg。6月龄公羊体重达14.37kg，母羊体重达13.35kg。周岁公羊体高50.46cm，体长51.59cm，胸围62.77cm，管围7.62cm，体重18.94kg；周岁母羊体高50.23cm，体长53.00cm，胸围62.56cm，管围6.56cm，体重18.56kg。成年公羊体高59.08cm，体长61.94cm，胸围72.81cm，管围8.24cm，体重30.44kg；成年母羊体高56.11cm，体长59.70cm，胸围69.86cm，管围6.97cm，体重28.24kg。

三、产肉性能

周岁公羊体重20~30kg、母羊15~26kg，成年公羊体重30~44kg、母羊26~39kg。周岁公羊屠宰率45%，净肉率32%；成年公羊屠宰率50.6%，净肉率34.5%。周岁羯羊屠宰率45.59%，净肉率31.30%。成年羯羊屠宰率50.61%，净肉率34.45%。羯羊肉质细嫩，故通常将1月龄左右小公羊去势，养到3~4岁或更长时间屠宰。

第二节　贵州黑山羊生物学特性

一、合群性好

贵州黑山羊合群性较好，这是在长期的进化过程中，为适应生存和繁衍而形成的特性，是以领头羊为首的群体结构。在自然群体中，头羊一般由年龄较大、子女较多的壮年母羊来担任。在放牧和日常的饲养管理过程中，合理地利用其合群性行为，加强对领头羊的培养和管理，可以节约大量的人力和物力。放牧时，贵州黑山羊主要通过叫、看、听、嗅、触等感官活动，来彼此传递信息、保持联系、协调行为、逃避敌害。在放牧羊群中经常掉队的往往是老弱或者生病的羊，对于这类羊应给予特别的照料。在舍饲环境下，合群还有利于形成竞争采食，增加羊群的整体采食量，促进生长。

二、喜干燥、怕潮湿

贵州黑山羊喜居住在干燥、向阳和空气流通的环境，最怕高热、高湿的环境。潮湿、闷热的环境会导致羊生长缓慢、发育不良，还会引起寄生虫病、传染病、腐蹄病等各种疾病，甚至会造成大批死亡。高温、高湿是影响贵州肉羊产业发展的重要原因之一，所以建造羊舍时，应架设离地带漏缝地面的防水防潮羊床，保持羊舍干燥和通风。

三、食性广

贵州黑山羊的食性面广，可采食野外 88%植物种类。对粗饲料利用率高，不仅可食用低矮的牧草、杂草、灌木和树木的枝叶，还可以利用多种农作物副产品，甚至紫茎泽兰等毒草也能少量采食。贵州黑山羊更喜欢采食灌木枝叶，据放牧观察，贵州黑山羊采食灌木枝叶的时间占总采食时间的 60%~70%。贵州黑山羊采食时间大部分集中在白天，并在上午 8 时至 11 时和下午 3 时至 6 时较为集中，而在其他时间进行反刍和休息。此外，贵州黑山羊喜吃清洁的草料和饮用清洁的水，被踩踏或粪尿污染牧草、饲料和水源，一般都不采食和饮用。贵州黑山羊采食时，对植物种类及可食部位具有很强的选择性，喜欢采食牧草和灌丛的顶部，且随季节有变化。贵州黑山羊喜欢采食柔嫩、多汁、略带咸味或苦味的植物（图 1-3），单一植被的人工草场，对贵州黑山羊的放牧不利。

图 1–3　贵州黑山羊采食灌木枝叶

四、抗病力强

贵州黑山羊经过数千年驯化选育，能很好地适应各种气候条件，具有耐粗、耐寒、耐热和抗灾度荒等能力，在极端恶劣的环境中也有很强的生存能力。抗病力比较强，在饲养管理过程中，只要搞好防疫和驱虫工作，供给满足机体生长发育的营养物质（如草料、饮水、矿物质和维生素等），则很少生病。但是在潮湿的环境中，容易感染病原菌、寄生虫、腐蹄病等。

五、性成熟早、母性好

贵州黑山羊性成熟早，公羊 3~4 月龄即有爬跨行为，6 月龄左右便可用来配种；母羊初情期为 5~6 月龄，初配年龄多在 8~10 月龄，通常 1 年可见到祖孙 3 代。母性较好，分娩后会舔干羔羊体表的羊水，建立母仔关系。母羊主要依靠嗅觉来辨认自己的羔羊，并通过不同的叫声来保持母仔之间的联系。羔羊吮乳时母羊总要先闻羔羊后躯部，以气味识别是否为自己的羔羊。利用这一点可在生产中寄养羔羊

(在被寄养的孤羔和多胎羔身上涂抹保姆羊的羊水或尿液)。此外，贵州黑山羊的听觉也比较灵敏，在放牧中一旦离群或与羔羊失散，靠长叫声互相呼应。

六、反刍性

贵州黑山羊采食一般比较匆忙，特别是粗饲料，大部分未经充分咀嚼就吞咽进入瘤胃，经过瘤胃浸泡和软化一段时间后，食物经逆呕重新回到口腔，经过再咀嚼，再次混入唾液并吞咽进入瘤胃。在饲喂过程中应添加一定比例的粗饲料有利于瘤胃微生物的活动和饲料的利用。贵州黑山羊每日反刍时间约为 8h，每日反刍 4~8 次。一旦反刍停止则预兆疾病的发生。

第三节　贵州黑山羊种羊选择及评定

一、总体要求及注意事项

一般在出生、断奶、成年及产 1 胎后多次筛选，主要采取个体选择、系谱选择和后裔测定等方法。个体选择是以本身选育性状表型值的高低为依据。个体的体型外貌、生长发育和生产力等都属于个体选择的范畴，主要指标如日增重、繁殖率、产肉性能等，同时也要考虑其他指标，如品种特征是否明显、体质是否健壮等，通过个体品质鉴定和生产性能测定进行选择。由于祖先的品质及其遗传的稳定性在很大程度上影响着后代品质，所以如果祖先表现好、遗传性稳定，其后代表现好的可能性更大。种羊选择需分析各代祖先的生长发育、健康状况以及生产性能来确定山羊个体的种用价值。特别是挑选幼龄种羊时，应以系谱作为选种依据，一般要查看 3 代资料。系谱选择常用的方法是对比法，首先放在亲代资料的比较上，依次比较祖代、曾祖代，因为亲代的遗传影响大于祖代。系谱除作为选种的依据外，还可以从中了解到祖先们的亲缘关系，以作为个体选配的依据。

为推进贵州黑山羊新品种培育工作，选留种羊时，还需按照后裔的平均值以确定对亲本的选留和淘汰，通过后裔测定即可评定亲本的育种价值。进行种羊选择时，还应注意以下要点：一是坚持留种标准、严格淘汰；二是注重选种方法；三是注意资料的登记、整理、分析；四是系谱选择时既要注意祖代的优点，也要注意祖代的缺点和缺陷；五是在个体选择时，要注意根据育种和生产需要确定鉴定项目，要注意其实效性，不宜太多；六是在后期测定时要注意条件的一致性。

二、种羊体貌特征要求

1. 整体结构

体格大小和体重达到品种的月（年）龄标准，躯体粗圆，长宽比例协调，各部结合良好；臀、后腿和尾部丰满，其他产肉部位肌肉分布广而多；骨骼较细，皮薄而富有弹性，被毛着生良好且富有光泽，具有本品种的典型特征。

2. 头、颈部

符合品种要求，口方、眼大而明亮、头型较大、额宽丰满、耳纤细、灵活、颈部较粗、颈肩结合良好。

3. 前躯

肩丰满、紧凑、厚实，前胸宽而丰满。前肢直立结实，腿短且间距宽，管部细致。

4. 中躯

正胸宽、深、胸围大。背腰宽而平，长度适中，肌肉丰满。肋骨开张良好，长而紧密。腹底成直线，腰荐结合良好。

5. 后躯

臀部长、平、宽而开展，大腿肌肉丰满，后裆开阔，小腿肥厚。后肢短、直而细致，肢势端正。

6. 生殖器官与乳房

生殖器官发育正常，无机能障碍，母羊乳房明显，乳头粗细、长短适中。

(1) 种公羊。从左侧1.5~2.0m处依次从前到后观察种羊(公、母观察方法相同)四肢及蹄站立姿势，从正前方1.5~2.0m处观察种羊前胸发育和前肢站立姿势，从正后方1.5~2.0m处观察种羊躯臀部发育、两后肢丰满度及站立姿势、检查睾丸(母羊外阴)发育情况。被毛纯黑，体型外貌必须符合品种特征，必须是多胞胎或双胞胎后代，体格高大，发育良好，性欲旺盛，雄性特征明显，有良好的雄性姿态、头颈结合良好、眼大有神、前胸宽、身腰长、四肢端正，体躯结构匀称，两侧睾丸发育匀称而且大小适中。同时，加强初生重、3月龄重、6月龄重、周岁重、24月龄重、胴体重、繁殖率选择。

(2) 种母羊。被毛纯黑，体型外貌必须符合品种特征，必须是多胞胎或双胞胎后代，年龄2~5岁经产母羊最为理想。鼻孔大，嘴头齐，眼大而明亮，头颈清秀，结构匀称，发育良好，背平腰长直，成倒三角形，角叉深，颈肩结合良好，肋骨弓张，胸宽而深，肩胛后侧无凹陷，肋骨间距大，腹圆而大，膁窝大，尻宽而平，乳房大，球形基部宽广，左右大小对称，生殖器官发育正常。

(3) 公母羊的配比。一般本交为1∶(25~30)，人工授精公母比例一般为1∶(500~1 000)。

(4) 系谱来源。系谱来源清楚，除记载种畜的品种、编号外，还需记载生产成绩、外形评分、生长发育情况，有无遗传缺陷及评定结果。系谱构建采用模式系谱，即子代在左，亲代在右；公畜在上，母畜在下(图1-4)。

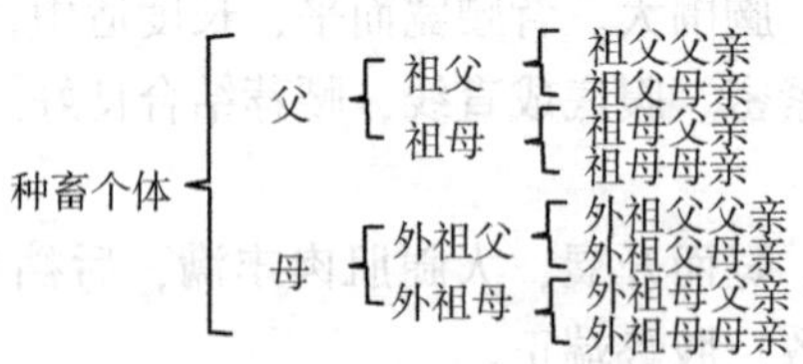

图1-4 种畜系谱横式图

三、种羊体尺测量

1. 目的意义

用于种羊持续选育。

2. 注意事项

测量时，场地要平坦，站立姿势要端正。

3. 测量工具

测杖、卷尺和圆形测定器。

4. 测定项目

主要有体高、体长、胸围、管围、十字部高、腰角宽等，根据目的而定，但必须熟悉主要的测量部位和基本的测量方法。

体高：由鬐甲最高点至地面的垂直距离。

体长：即体斜长，由肩端最前缘至坐骨结节后缘的距离。

胸围：由肩胛骨后缘绕胸 1 周的长度。

管围：左前肢管骨最细处的水平周径。

十字部高：由十字部至地面的垂直距离。

腰角宽：两侧腰角外缘间距离。

黑山羊身体各部位名称见图 1-5。

四、年龄鉴别

根据牙齿的更换、磨损变化鉴别年龄。

1. 乳齿和永久齿的数目

幼年羊乳齿共 20 枚，乳齿较小，颜色较白，长到一定时间后开始脱落，之后再长出的牙齿称为永久齿，共 32 枚。永久齿较乳齿大，颜色略发黄。

2. 牙齿更换、磨损与年龄变化

羊没有上门齿，有下门齿 8 枚，臼齿 24 枚，分别长在上下两边牙床上，中间的 1 对门齿叫切齿，从两切齿外侧依次向外形成内中间齿、外中间齿和隅齿。1 岁前，羊的门齿为乳齿，永久齿没有长出；

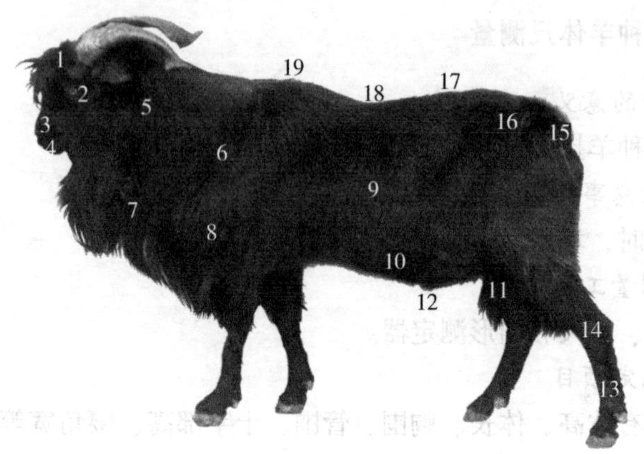

1. 头；2. 眼；3. 鼻；4. 嘴；5. 颈；6. 肩；7. 胸；8. 前肢；9. 体侧；10. 腹部；11. 阴囊；12. 阴筒；13. 后肢；14. 飞节；15. 尾；16. 臀；17. 腰；18. 背；19. 鬐甲

图 1-5 贵州黑山羊身体各部位名称

1~1.5 岁时，乳齿的切齿更换为永久齿，称为“对牙”；2~2.5 岁时，内中间乳齿更换为永久齿，并充分发育称为“四牙”：3~3.5 岁时，外中间乳齿更换为永久齿，称为“六牙”；4~4.5 岁时，乳隅齿更换为永久齿，此时全部门齿已更换整齐，称为“齐口”；5 岁时，牙齿磨损，齿尖变平；6 岁时，齿龈凹陷，有的开始松动；7 岁时，门齿变短，齿间隙加大；8 岁时，牙齿有脱落现象。

五、种羊体况评分

体况评分具体操作如下：① 用手指压腰椎评定棘突的突出程度；② 通过挤压腰椎两侧评定横突的突出程度；③ 将手伸到最后几个腰椎下触摸横突下面的肌肉和脂肪组织；④ 评定棘突与横突间眼肌的丰满度；⑤ 按表 1-1 所示，为每只种羊评分并作记录，用于后期管理。对于能繁母羊群体，应保持有 85% 以上个体的体况在 3~4 分，种公羊体况需保持在 3~4 分。

表 1-1　贵州黑山羊种羊体况评分标准

分数	体况描述	常用描述
1	脊椎骨突出，背部肌肉浅薄，没有脂肪	瘦
2	脊椎骨突出，背部肌肉饱满，没有脂肪	
3	可以摸到脊椎骨，背部肌肉饱满，有部分脂肪含量	膘情良好
4	几乎摸不到脊椎骨，背部肌肉非常饱满，厚脂肪层	肥
5	摸不到脊椎骨，有非常厚的脂肪层，脂肪积存覆盖尾巴	

六、优质种羊评定

优质种羊评定包括体型外貌、生长发育和生产性能的评定。其中体型外貌评定主要按身体各部位的表现和重要性，规定满分标准，不够标准的适当扣分，最后将各项评分相加计算总分，再按外貌评分等级标准给被选个体定出等级。生长发育和生产性能评定主要按测定项目的量化结果，对照品种等级标准，确定个体等级，最后完成对羊只的综合评定。

1. 体型外貌评分

贵州黑山羊的外貌评分标准见表 1-2。

表 1-2　贵州黑山羊外貌评定评分标准

项目		评定标准	评分	
			公	母
外貌	毛色	被毛黑色，富有光泽，允许额头有百星	14	14
	外形	体躯近似圆桶形，公羊雄壮，母羊清秀	6	6
	头	头大小适中，额宽平或平直，鼻微拱，耳短小不下垂，眼大有神，角自然向后，不扭曲	12	12

（续表）

项目		评定标准	评分	
			公	母
体躯各部	颈	公羊粗短，母羊清秀，与肩结合良好	6	6
	前躯	胸深广，肋骨开张，鬐甲高平	6	6
	中躯	背腰平直，腹部发育良好紧凑	6	6
	后躯	荐宽尻丰、倾斜适度，母羊乳头乳房梨形，发育良好	12	12
	四肢	粗直端正，蹄质坚实，圆形	18	18
发育情况	外生殖器	发育良好，公羊双睾对称，母羊外阴正常	6	4
	羊体发育	肌肉充实，种羊膘情中上	6	6
	整体结构	各部位结构匀称、紧凑、体质较结实	8	10
总　计			100	100

贵州黑山羊的外貌评分等级标准见表 1–3。

表 1–3　外貌评分等级标准

性别	特级	一级	二级	三级
公羊	95	85	80	75
母羊	95	85	70	60

2. 生长发育评分

生长发育评定分 2 月龄、6 月龄、12 月龄和 24 月龄 4 个阶段进行。表 1–4 列出了一级羊最低的体重、体尺标准。

特级：2 月龄、6 月龄、12 月龄公羊体重占成年公羊体重的 20%、40%、60%以上，母羊体重占 30%、50%、70%以上，以及公、母羊体重均高于一级 15%以上，公、母羊体尺分别占成年羊的 65%、75%和 85%，并且公羊高于一级 8%，母羊高于 5%以上者为特级。

一级：符合表 1–3 评分标准。

二级：体重分别低于一级 8%～10%，体尺分别相应低于一级 3%～5%。

三级：体重分别相应低于一级 8%～10%，体尺分别相应低于一级 5%以上。

表 1-4 一级羊最低评分标准

年龄	体重（kg）		体长（cm）		体高（cm）		胸围（cm）	
	公	母	公	母	公	母	公	母
2月龄	8	7	37	36	35	34	42	41
6月龄	20	16	46	43	45	42	52	48
周岁	29	24	60	56	55	50	72	68
成年	50	40	68	65	64	58	83	76

3. 生产性能评定

母羊繁殖成绩评定标准见表 1-5。

表 1-5 繁殖性能评分标准

繁殖指标	特级	一级	二级	三级
年产胎数	2.0	1.8	1.7	1.5
胎产羔数	2.2	2.0	1.8	1.5

对于公羊连续两个繁殖季节配种 30 只经产可繁母羊，以母羊产羔率达 220%为特级，200%为一级，180%为二级，150%为三级。后备公、母羊的繁殖性能由系谱审查，参考同胞旁系资料评定。

第二章　养殖场地选址布局与设施建设

第一节　场址选址

一、选址依据

（1）《中华人民共和国畜牧法》（2015 年 4 月 24 日修正版）。

（2）《中华人民共和国动物防疫法》（2013 年 6 月 29 日修订版）。

（3）《中华人民共和国环境保护法》（2014 年 4 月 24 日修订）。

（4）《农业农村部关于调整动物防疫条件审查有关规定的通知》（农牧发〔2019〕42 号）。

（5）《畜禽养殖污染防治管理办法》（国家环保总局令第 9 号）。

（6）《畜禽养殖业污染防治技术政策》（环发〔2010〕151 号）。

（7）《饮用水水源保护区污染防治管理规定》（〔89〕环管字第 201 号）。

（8）《中华人民共和国农产品质量安全法》（主席令 10 届第 49 号）。

（9）《贵州省水污染防治条例》。

（10）《贵州省畜禽规模养殖场备案管理办法》（黔农发〔2012〕188 号）。

（11）《贵州省水污染防治行动计划工作方案》。

（12）项目县畜禽养殖禁养区划定方案。

（13）选址区域土地利用规划。

二、选址原则

（1）建筑用地符合当地村镇规划和土地利用规划的要求。

（2）选择高燥、背风向阳、排水良好、易于组织防疫的地方，坡度不宜超过25°。

（3）土质要求：场区土质质量应符合GB 15681规定。

（4）饮用水源：饮用水源处于场区上风口，水源充足，水质应符合GB 5749规定。

（5）场区3 000m内无大型工厂，无采矿厂、皮革厂、肉品加工厂、屠宰厂及畜牧场污染源；村镇主要居民区和公共场所应在1 000m以上，距离主干线公路500m以上。

（6）不得在国家和地方法律规定的水源保护区、旅游区、自然保护区等区域建场。

（7）周边有符合本场养殖模式需求的草山草坡或可用于建设高产牧草基地的土地资源。

三、场址选择

1. 地形地势

贵州黑山羊喜欢生活在干燥、通风、凉爽的环境之中，高温、高湿的环境影响羊只的生长发育和繁殖性能，感染或传播疾病，污染甚至损伤产品。因此，必须选择地势较高，南坡向阳、略有坡度、排水良好、通风干燥的地点，切忌在山洪水道、低洼涝地、冬季主风口等地建场。

2. 水源

要求四季供水充足，水质良好（符合GB 5749规定），离羊舍要近，取用方便。水源必须清洁卫生，防止污染。最好用消毒过的自来水，流动的河水、泉水或深井水。忌在严重缺水或水源严重污染及易受寄生虫侵害的地区建场。

3. 疫病防控

要对当地及周围地区的疫情作详细调查，切忌在传染病疫区建场。羊场周围居民和畜群要少，必须保障与周边兽医站点、养殖场、集贸市场、屠宰场等有足够的距离，处于其上风位且有可靠的天然屏障，必须做到互不污染、互不干扰，尽量选择易于隔离封锁的地方建场。

4. 饲草料资源

应结合本场养殖模式，充分考虑饲草、饲料供应条件，必须要有足够的饲草料基地或饲草料来源。贵州黑山羊建议最好采用半舍饲模式饲养，淘汰羊和育肥羊全舍饲高效育肥。以能繁母羊计，半舍饲模式下贵州自然草山草坡不低于 1.25 亩/只（1 亩≈$667m^2$）；如全舍饲，基于青贮玉米为主要牧草的四季接茬高产人工草地不低于 0.18 亩/只；精料补充料采购运输距离不超过 100km。

5. 交通供电

羊场要求交通便利，便于饲草运输。但为了防疫卫生，羊场与主干道的距离至少要在 500m 以上。羊舍最好建在村庄的下风头与下水头，以防污染村庄环境。此外，选择场址时，还应重视供电条件，特别是集约化程度较高的羊场，必须具备可靠的电力供应。在建场前要了解供电源的位置、与羊场距离、最大供电允许量、供电是否有保证。如果需要，可自备发电机，以保证场内供电的稳定可靠。

6. 社会条件

新建羊场选址要符合当地城乡建设发展规划的用地要求，否则随着城镇建设发展，将被迫转产或向远郊、山区搬迁，会造成重大的经济损失。新建羊场选址要参照当地养羊业的发展规划布局要求，综合考虑本地区的种羊场、商品羊场、养羊小区和养羊户等各种饲养方式的合理组织和搭配布局，并与饲料供应、屠宰加工、兽医防疫、市场与信息、产品营销、技术服务体系建设相互协调。

第二节　场地布局

一、布局原则

(1) 力求整体设计布局合理、紧凑、规整，功能分区明确；交通运输便利，满足消防、安全和生产要求。

(2) 结合建设地点的地形特点，因地制宜地将建筑物、人工景物与自然环境有机融合，铸造现代化的规范、安全、文明、舒适与自然共生的优美环境，并留有适当的发展余地。

(3) 建筑物、设备布局与工艺流程三者衔接合理，建筑结构完善，并能满足生产工艺和产品质量卫生要求。总图布置充分考虑运输、防火、卫生和环境保护等国家有关规定及规范要求。

(4) 平面布置力求做到确保工艺流程顺畅，物料流向合理，人物流分开、避免交叉污染，方便生产和管理。

(5) 场内要建立净道和污道，严格实行净道、污道分开，产品与废弃物进出各用一个通道。防止场内交叉感染，确保产品卫生质量。

(6) 注重整体环境卫生。基地主要道路应用不渗水材料铺筑，建筑物周围、道路两侧及可利用的空地都应进行绿化，以最大限度降低扬尘，净化空气，以利于提高产品卫生质量。

二、规划布局

按照运输便利、防疫安全和利于实施等原则和条件，养殖场布局，按照环境卫生要求，依照下坡和主风方向依次按人、料、羊、污顺序布局。具体布局顺序为：办公生活区→草料加工仓储区→养殖区→无害化处理区，各区设置相应的消毒设施，场内设置一条主干道与各功能区的次要通道相连，产品、原料运输和污物运出设置不交叉的独立通道。有机肥发酵设施建在养羊场的无害化处理区。

根据养殖场布局情况，在道路两侧、较大的空地四周、办公及宿舍区种植花草树苗、建植草坪，以改善环境，使之成为集工作、生活、娱乐于一体的人性化文明园区。

场内道路布局达到要求如下。

（1）合理布局主干道与各支线接点顺序，以避免运输过程中造成交叉感染。

（2）应顺生产工艺流程，交通方便、简洁，避免无谓迂回，具有经济性和合理性。

（3）道路布局严格按照国家消防及安全生产的有关规范进行，设置必要的消防防火通道、应急疏散通道等。

（4）养殖废弃物需高效资源化循环利用，养殖废弃物无害化发酵处理区需与病死动物处理设施相邻，整个废弃物处理区设置独立、不交叉的进出通道，污道和净道严格分开。

养殖区羊舍布局按上风位依次按产羔室、育成羊舍、育肥羊舍的顺序安排，避免成年羊对羔羊有可能造成的感染。生产区入口处必须设置洗澡间和消毒池。在生产区内应按规模大小、饲养批次的不同，将其分成几个小区，各小区之间应建设生物隔离带。

羊舍的一端应设有专用粪道与处理场相通，用于粪便和脏污等的运输。人行与运输饲料应有专门的清洁道，两道不要交叉，更不能共用，以利于羊群健康。

羔羊舍和育成羊舍应设在羊场的上风向，远离成年羊舍，以防感染疾病；育成羊舍应安排在羔羊舍和育肥羊舍之间，便于转群。种羊舍可与配种室或人工授精室结合在一起。在羊场的整体布局时还要考虑到发展的需要，留有余地。

羊场的良好环境，有益于羊群的健康，对场区的绿化也应纳入羊场规划布局之中。绿化对美化环境、改善小气候、净化空气、吸附粉尘、减弱噪声有积极的作用。良好的场区绿化，夏季可降低辐射热，冬季可阻挡寒流袭击。

饲料供应和办公区应设在与风向平行的一侧，距离生产区 80m

以上。生活区应设在场外，离办公区和供应区 100m 以外处。兽医室、粪便污水处理区应设在下风口或地势较低的地方，间距 100m 以上，且需建立生物隔离带。上述设置能够最大限度地减少羔羊、育成羊的发病机会，避免成年羊舍排出的污浊空气的污染。但有时由于实际条件的限制，实施起来十分困难，可以通过种植小叶香樟、枇杷树、桂花等树木或驱蚊草等植物，建阻隔墙等防护措施加以弥补。贵州黑山羊养殖场整体布局参考见图 2-1，养殖区羊舍布局参考见图 2-2。

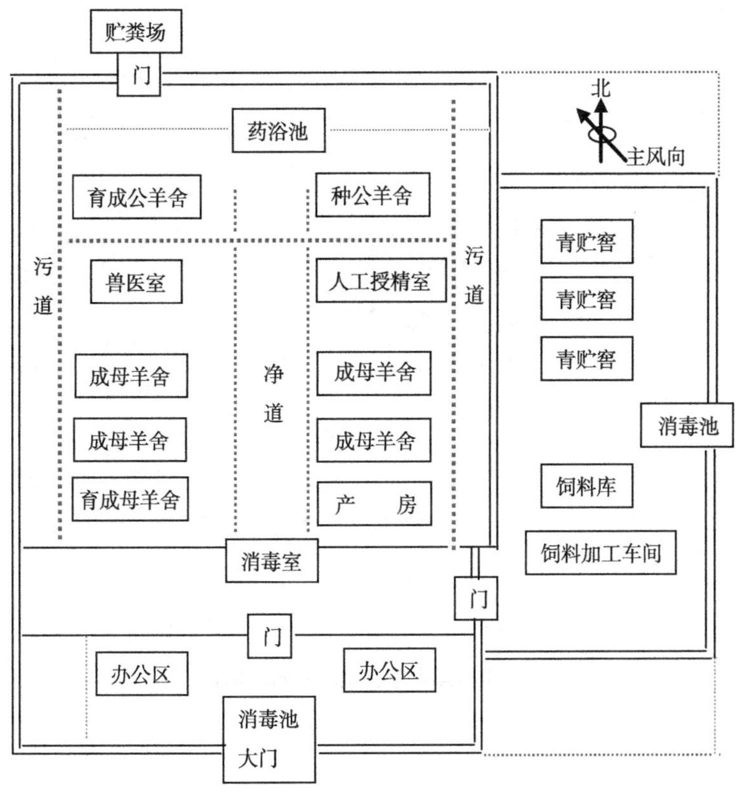

图 2-1　贵州黑山羊养殖场整体布局

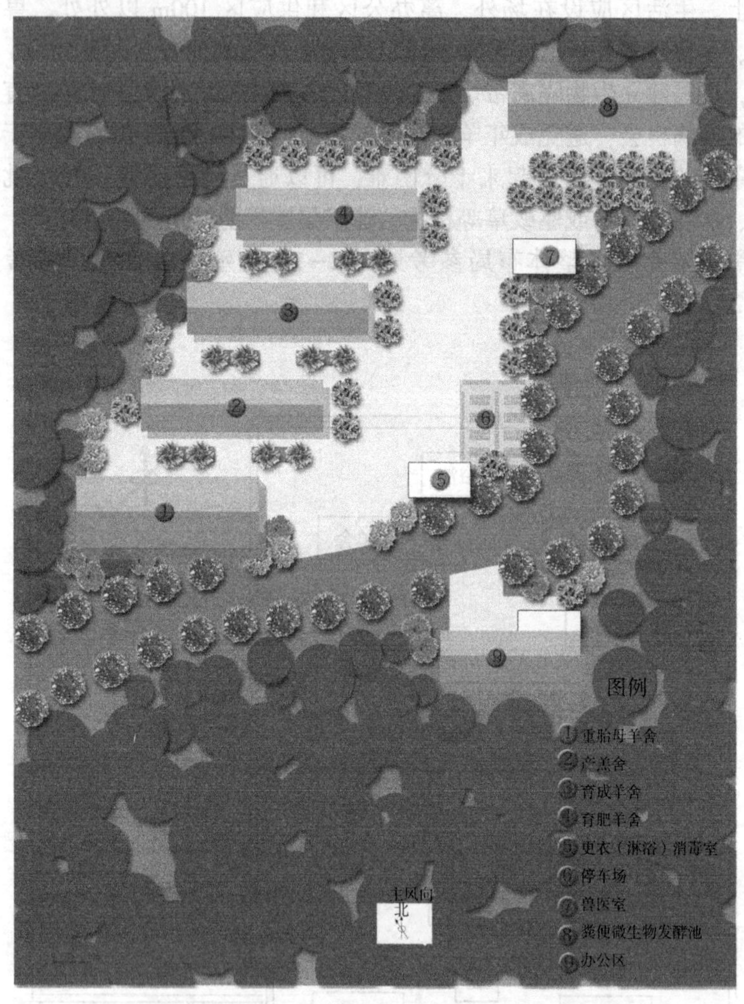

图 2-2　贵州黑山羊养殖场养殖区羊舍布局

第三节 羊舍建造

一、面积估算

修建羊舍需按照为羊只创造一个适宜的环境，便于日常的生产管理，以保持舍内干燥、空气流通，保证冬春防寒保温，夏季防暑降温，达到优质高产的目的原则，以本场基础母羊存栏数或各类母羊总存栏数为计算依据，综合考虑生产方向、性别、年龄、生产生理状况、气候条件等因素进行估算。

根据当前贵州黑山羊生产技术水平和实际情况，种母羊淘汰率定为20%；建议有条件的养殖场采用人工授精为主，自然交配为辅的繁殖模式，种公羊占能繁母羊数的2%，种公羊淘汰率定为25%。基础母羊年繁殖率初定为250%，分娩舍饲养时间20d，羔羊60d断奶。根据中华人民共和国农业行业标准（NY/T 2169—2012）相关参数，若本场确定基础母羊存栏量为10 000只，则估算总圈舍面积为37 185m^2，各类圈舍面积估算数量见表2-1。

表2-1 存栏10 000只贵州黑山羊基础母羊养殖场圈舍面积估算

序号	羊群结构	存栏数（只）	只均面积（m^2）	各类圈舍面积（m^2）
1	基础母羊	10 000	1.5	15 000
2	妊娠分娩母羊	670	2	1 340
3	后备母羊	2 000	0.8	1 600
4	断奶羔羊	4 100	0.5	2 050
5	育成羊	20 900	0.8	16 720
6	种公羊	200	2	400
7	后备公羊	50	1.5	75
8	合计	37 920		37 185

若本场确定各类母羊（含基础母羊、妊娠分娩母羊、后备母羊）总存栏量为 10 000 只，则总圈舍面积为 29 349m^2，各类圈舍估算数量见表 2-2。

表 2-2　存栏贵州黑山羊各类母羊共 10 000 只养殖场圈舍面积估算

序号	羊群结构	存栏数（只）	只均面积（m^2）	各类圈舍面积（m^2）
1	基础母羊	7 880	1.5	11 820
2	妊娠分娩母羊	552	2.0	1 103
3	后备母羊	1 576	0.8	1 261
4	断奶羔羊	3 231	0.5	1 615
5	育成羊	16 469	0.8	13 175
6	种公羊	158	2.0	315
7	后备公羊	39	1.5	59
8	合计	29 905		29 349

二、羊舍设计

1. 建筑材料

建议因地制宜，就地取材，经济实用。尽量标准高一些，以免经常性维修，影响生产，增加维修成本。

2. 羊舍设计

檐高为 3.3~3.5m，宽度为 8.5~10m。如场地坡度足够，圈舍下可设置排粪坡和粪沟；如果场地比较平整，圈舍下可设置刮粪板等。圈舍长度根据场地的地形走势、建筑结构材料、饲养规模来综合考虑。饲料通道与料槽齐平，以便于投料和清扫食槽。食槽宽 30cm，深 20cm，为“U”形，近羊边稍高于通道，以避免饲草料撒入羊舍，造成浪费。靠近羊食槽边沿建设限位栏，栏高 150cm，采食间距为

30cm，限位栏的设置需考虑羊角大小、个体大小、栏舍用途等因素。每栋圈舍依据实际生产需求、长度和采食为数量，进行羊栏分隔。每个羊栏在靠墙最低一边，距地面高 30cm，设一个自动饮水槽或自动饮水器，随时保持有充足的水供羊群饮用。用木、竹或混凝土漏缝板及塑料漏缝板铺设羊床，羊床离地面 0.5~1m。种公羊舍羊床需采用加厚加固材料，产羔舍漏缝间隙为 1~1.5cm，其余圈舍漏缝间隙为 1.5~2.0cm。屋顶建议选用防雨和隔热保温性能好的材料，可以用石棉瓦、水泥瓦以及彩钢瓦等。墙体要求外形美观、坚固耐用、隔热保温、便于清洗消毒。舍门以羊能顺利通过而不致拥挤为宜。窗距地面 1.5m 以上，前窗（向阳窗）要大些，后窗要小些。舍内地面高出运动场地面 20~25cm，运动场地面需平整，有 5%的坡度，采用混凝土或三合土（石灰：碎石：黏土为 1：2：4）建造。运动场面积为羊舍面积的 1.5~2 倍。羊舍内平面、侧面、限位栏正面见图 2-3、图 2-4、图 2-5。

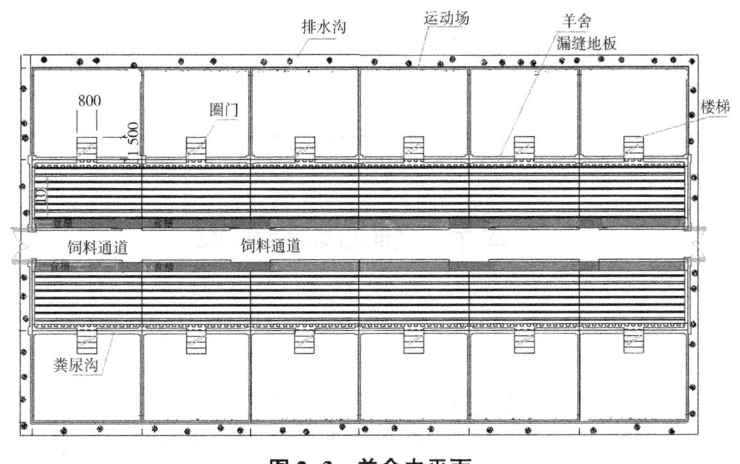

图 2-3 羊舍内平面

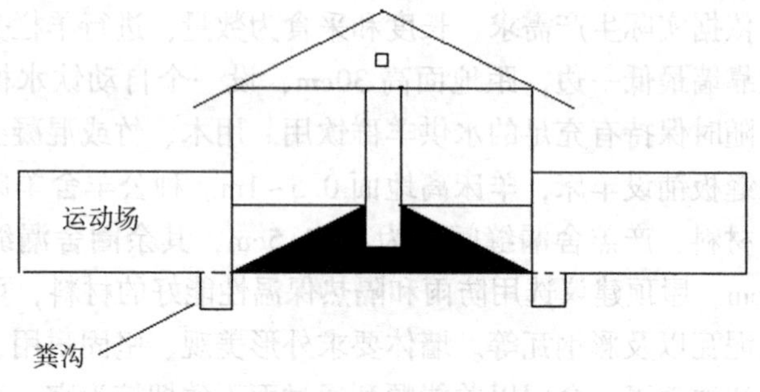

图 2–4　羊舍内侧面

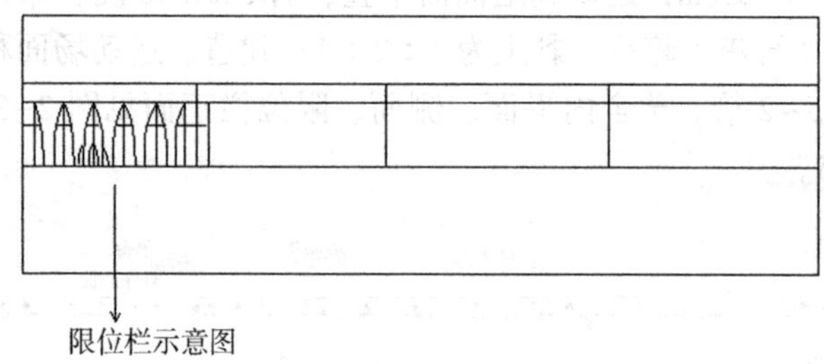

图 2–5　限位栏正面

第四节　辅助设施建设

一、草架

贵州黑山羊比其他品种羊更爱清洁，喜食干净饲草，粪便污染和踩踏过的草料均不采食。在圈舍内安置草架是避免羊践踏饲草、减少浪费的有效措施，同时还可减少感染寄生虫的机会。草架可根据栏舍实际情况，就地取材建设。草架应充分固定，一般设置成“V”形，网格大小以刚好够羊嘴伸入扯拽牧草为宜。根据贵州黑山羊喜采食灌木特性，草架高度以羊需抬头扯拽牧草为宜。

二、药浴设施

贵州黑山羊蜱等体外寄生虫常发，养殖场需建设药浴池。药浴池一般为长方形，池深1m，长10~15m，上口宽60~80cm，底宽40~60cm，以1只羊能通过而不能转身为度，入口端为陡坡，出口端为切斜口，以利于羊浴后攀登和使浴后羊只身上多余药液流回池内。如场内建设有分羊栏，药浴池应建设于分羊栏末端，以减少分群和人工。

三、分羊栏

分羊栏是为羊分群、鉴定、防疫、驱虫、称重、打耳号等生产技术操作中把羊群分成所需要的若干小群的设施，可因地制宜地选择材料建设而成。在羊群的入口处为喇叭形，中部为一小通道，可容羊单只前进。沿通道一侧或两侧，可根据需要设置3~4个可以向两边开门的小圈。分羊栏设计参考见图2-6。

四、保育栏

产羔舍中应靠近墙壁，用保温材料设置长×宽×高为100cm×120cm×120cm的保育舍。保育舍前面为栅栏，内设加热装置，羔羊能自由进出，母羊头伸不进。羔羊7日龄起，开始用专用羔羊开口料和优质干草在保育舍中诱食，促进羔羊尽早采食固体饲草料。

五、青贮设施

1. 青贮池

根据场地实际情况，选择地势干燥处修建，可建成地上式、半地上式、地下式3种。池底需设置15°~20°坡度，沿两侧池壁和正中留

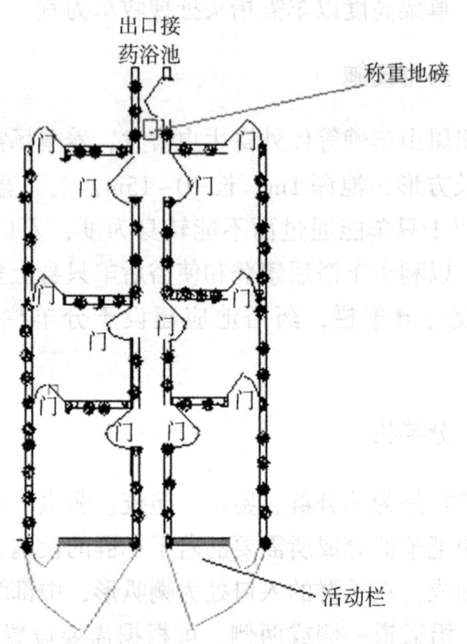

图 2-6　分羊栏设计

排液沟。池壁要光滑，要防雨水渗漏。池的大小、多少可根据羊只数量，青贮制作量而定，一般人工操作，深 2.5～3m，宽 2.5～3.5m，长 4～5m，机械操作长可达 10～15m，但必须以在 2～3d 内装填完毕为原则。贵州降雨较多，建议有条件的场给青贮池加盖顶。

2. 袋装和裹包青贮

近年来研制成功并正在推广的袋装青贮技术，具有投资少、制作简单、不受气候和场地限制、浪费损失少、运输方便等特点，值得应用，但必须严防鼠害。

裹包青贮具有加工、存储、运输、利用方便等特点，但须额外购置青贮裹包机械，前期投入较大，同时也须严防鼠害。

第五节　羊舍环境保护

一、环境绿化

根据羊场所在地局部气候条件，在场界周边种植小叶香樟、桂花、构树等乔木和山蚂蝗、胡枝子等灌木混合林带，也可种植杂交狼尾草、象草等牧草，同时起到生物隔离和饲用作用。场区内办公区绿化、道路两侧和羊舍周围都需结合景观和饲用要求，选择合适植物进行绿化。各功能区间，应结合绿化要求，建立生物隔离带。整个场的绿化面积应不低于30%。

二、废弃物减量化

贵州黑山羊养殖产生的粪便、污水等废弃物，以及粪便产生的恶臭气体、羊舍排放的污浊气体对羊舍环境和空气质量影响较大。要按照减量化、资源化和无害化的原则，从源头上控制污染物和恶臭气体的产生量。在生产上应采用干湿分离、雨污分流工艺，及时清粪并保持粪便干燥，以减少污水产生量。养殖饲料中不超标准使用蛋白质原料，尽量选用易于消化的原料，原料中添加除臭微生物或相关吸附剂，减少氨气、吲哚等恶臭气体产生。加强圈舍自然通风，防止恶臭气体集聚于舍内，使其浓度降低，达到有关规定要求。对粪便等污染物实行及时收集、定点存储、封闭发酵、高效利用措施，将种养有机结合，达到种草养畜、草畜配套、养羊积肥、以羊促草生态循环化发展模式，推动养羊业经济效益与生态文明建设有机融合，实现贵州黑山羊养殖业“产业生态化，生态产业化”。

三、规范病死羊处理

兽医室和病羊隔离舍应设在羊场的下风位，距羊舍50~100m以上，并建设生物隔离带，防止疾病传播。病死羊严格按《国务院办公厅关于建立病死畜禽无害化处理机制的意见》（国办发〔2014〕47号）和《农业农村部 财政部关于进一步加强病死畜禽无害化处理工作的通知》（〔2020〕6号）要求，在专门的无害化处理设施中及时处理。对场地、人员用具应选用适当的消毒药及消毒方法进行消毒。病羊和健康羊分开喂养，派专人管理，对病羊所停留的场所、污染的环境和用具都要进行消毒。当局部草地被病羊的排泄物、分泌物或尸体污染后，可以选用含有效氯 2.5% 的漂白粉溶液、40% 的甲醛、10% 的氢氧化钠等消毒液喷洒消毒。

第三章　贵州黑山羊养殖场相关规程建设

第一节　引进羊群管理规程

一、预防感冒

羊群经过运输后，一般有70%的羊只不同程度发生感冒，如果不进行预防注射，就会感染肺炎、高烧，进而引起流产死亡，所以羊群引到目的地后，要做的第一件事，就是进行预防感冒注射。用药为：柴胡、庆大、氨基比林等抗感冒针剂注射或清瘟解毒口服液或用中草药制剂让羊自行饮食，就能起到很好的抗感冒效果。一般羊群引到后，在4h之内必须进行预防感冒注射，否则将带来严重的后果。

二、驱虫保健

羊群引到后，1周之内必须进行驱虫保健，因为羊经运输后，基本上都有一个空腹过程，寄生虫在羊只空腹的情况下，其繁殖率是平时的3倍左右，如果不及时进行驱虫保健，容易造成寄生虫污染草地或寄生虫病的暴发，造成羊群损失。驱虫保健的方法一般选用1-4-10驱虫方法比较保险，即第一天、第四天、第十天，按剂量分3次给药，能够达到很好的驱虫效果。

三、防疫注射

羊群引进时，先注射1次“落地针”得米佳特-20%土霉素注射液（可静脉级），等到稳定后，就应该考虑进行防疫注射，一般先注射羊痘疫苗，再注射羊四防苗和五号病疫苗，每种疫苗的注射时间应间隔1周，第一次注射疫苗会引起不同程度的反应及流产，第二次以后反应程度比较轻。

在疫苗的注射过程中，一定要注意保定羊只，以免造成机械性流产。

四、预防口膜炎

羊群引到1周以后，会发生口膜炎，特别是小羔羊最为严重，一般是全群感染，如果处理不好，同样会引起羊群的损失。在实际生产中，养殖者临床总结了很多实用方法，方法如下。

（1）“速必克-30%普鲁卡因青霉素注射液”涂抹，再用“一喷康”。

（2）3‰高锰酸钾溶液清洗。

（3）用蜂蜜加青霉素涂擦。

五、预防腐蹄病

羊群引到半年之内，容易发生腐蹄病。预防措施：在新引进羊群的圈门口放生石灰或用机油、桐油浸泡羊蹄，能起到很好的预防效果。也可用“安灭杀”碘酸混合溶液浸泡羊蹄。

六、预防胃肠炎

羊群引到后，由于环境、饮水、草料、管理改变，容易引起群体性胃肠炎，进而引起脱水消瘦死亡。所以，要加强羊群的饲养管理，圈舍勤消毒，饮水要卫生，让羊群尽快度过适应期。可用三颗针、老虎刺等煮水，并用“清之源（1t 水用6~12片）”饮水，饲料中加硫酸新霉素等药物。

七、预防流产

羊群在运输过程中，由于挤压，不同程度引起母羊流产，母羊流产一般都会造成胎衣不下，如果不进行清宫处理，子宫在体内腐败化脓会引起败血症，造成母羊死亡，所以，流产母羊都要求进行清宫处理。方法：用“清宫散”或用0.2%高锰酸钾水，通过灌肠器强行灌入母羊子宫内，然后让其自行排出，反复3次，即可达到清宫效果，再用林可霉素+头孢噻呋注射液药物注入子宫内，也能达到同样的效果。

八、预防血尿

羊群刚引到新地点时，由于环境条件的影响、海拔的差距、容易产生尿路感染，肾功能出现病变。出现急性病变时，容易产生血尿，一般羊群感染后，在12h之内出现死亡。

预防：主要在羊的饮水中加入芒硝（硫酸钠）2%（每周1次），或适量的维生素或磺胺类药物。

治疗：双黄连+青霉素200单位或链霉素100单位，每天两次或赛利健-5%盐酸头孢噻呋注射液，每天1次；地塞米松注射液，每天1次。

第二节　人员及车辆管理规程

（1）一切人员未经技术负责人许可不得进入生活区内，严禁进入生产区。

（2）在场员工未经技术负责人许可，不得在场内接待和留宿一切外来人员。

（3）在场员工因特殊原因必须外出的，必须报经技术负责人许可并做好外出登记，登记内容包括：姓名、外出原因、外出时间、外出地点等。

（4）经许可后的外出人员严禁接触鸡场、牛场，特别是羊场、屠宰场等污染敏感区域，严禁接触一切牛羊肉及产品。

（5）经许可后外出人员，外出衣物尤其是鞋子绝对不能穿进生活区，外出衣物和鞋子必须存放于靠近大门的专门区域并只能在规定区域消毒换洗，绝对不可与场内穿的衣物混合；回场后必须经过彻底洗澡消毒后方可进入生产区。

（6）场内穿的工作衣服和鞋子清洗前要用消毒液浸泡一夜，消毒液每次更换 1 种，至少不低于 2 种；地里劳动穿的鞋子不能穿到场内，需单独存放于特定地点。

（7）本场运输人员必须换上专用鞋子和工作服方能进入大门内，必要时必须经彻底淋浴、彻底更衣、浸泡消毒方能进入生产区。

第三节　消毒管理规程

（1）场门、生产区门前消毒池内的消毒液必须保持有效的浓度，消毒液每周更换 1 次。每次更换要有记录，走道的消毒垫必须保持潮湿（消毒液浸湿）且及时清理干净。

（2）入场前必须喷雾消毒脚踩消毒垫或消毒池 1min，消毒垫（池）的消毒液用农可福（1∶300 倍稀释）或菌疫灭（1∶300 倍稀释）。

（3）各栋舍内按规定打扫卫生后，每周带羊喷雾消毒 1 次卫可安（1∶150 倍稀释）或安灭杀（1∶150 倍稀释）。消毒剂要现配现用，混合均匀，避免边加水边消毒现象。不同性质的消毒液不能混合使用，消毒时确保栏舍密封性；每次轮换使用消毒剂，消毒后关门窗的时间不得低于 60min。

（4）一切外来车辆严禁进入生产区，一切物资均采用场内工具转运，转运后的工具必须严格经过 2 次消毒，消毒时间间隔 30min。消毒必须包括表面、厢内外、顶棚，尤其是底部和轮胎，必须做到绝对不留死角。第二次消毒完成后方可存放于特定地点。

(5) 每次使用过的上羊台、秤等工具要及时清理、冲洗、消毒，参与工作的全部人员、衣鞋要马上清洗、消毒。

(6) 养殖场所在区域内有疫情发生时，用生石灰在场周围建立2m宽的隔离带，生石灰每15d重新铺洒1次。

(7) 病死羊必须用消毒剂消毒现场，尸体进行无害化处理，用生石灰掩盖后密闭密封口，密封口周边铺撒生石灰。

(8) 栏舍、保育床、产床空出后，必须无死角地搞好卫生后用高压水枪进行清洗，清洗完后彻底消毒。

(9) 注射疫苗前，清洗注射器针头，高压灭菌消毒30min或煮沸消毒45min，干燥后备用。注射用过的针头先用清水洗干净，连同清洗后的注射器高压灭菌30min或煮沸消毒45min，晾干后再使用。

(10) 分娩时脐带留5cm左右即可，要先用一喷康或5%聚维酮碘溶液原液充分消毒断脐带用的剪刀，剪断脐带后用一喷康或5%聚维酮碘溶液原液充分消毒创口，然后用力保生迅速干燥消毒。

(11) 母羊产前必须隔离至产羔舍，哺乳母羊在初次哺乳前乳房及乳头必须进行清洁，必须按摩乳房5~7min并挤掉前面几滴奶，用过氧可安［1：(200~300) 倍稀释］或卫可安 (1：150倍稀释) 消毒，作用1min。常用消毒药物及使用剂量参照表3-1。

表3-1　推荐参考消毒程序

序号	消毒部位	推荐使用消毒剂及使用浓度	备注
1	车辆、装羊台和运载工具消毒	农可福 (1：200倍稀释) 或过氧可安 (1：200倍稀释) 或卫可安 (1：150倍稀释)	最佳方案是先用泡可净清洗干净，再消毒清洗和消毒，一定要做到面面俱到
2	洗手消毒	安灭杀 (1：150倍稀释) 或5%聚维酮碘［1：(15~25) 倍稀释］或卫可安 (1：150倍稀释)	对皮肤无刺激
3	门卫喷雾消毒系统	卫可安 (1：150倍稀释) 或安灭杀 (1：150倍稀释)	安全、无腐蚀、无刺激

（续表）

序号	消毒部位	推荐使用消毒剂及使用浓度	备注
4	工作服清洗消毒	安灭杀（1：300倍稀释）	安全、无腐蚀
5	大门口消毒池及脚踏盆（池）消毒	农可福（1：300倍稀释）或菌疫灭（1：300倍稀释）	消毒持续达7d
6	大环境消毒	农可福（1：300倍稀释）或过氧可安（1：200倍稀释）或菌疫灭（1：300倍稀释）	使用方便，成本低，疫情期可适当加大消毒液浓度
7	养殖器具消毒	过氧可安（1：300倍稀释）或卫可安（1：150倍稀释）	浸泡或喷雾消毒，广谱高效、无腐蚀
8	口疮、断脐、手术部位及手术器械消毒	口疮用普鲁卡因青霉素和一喷康；断脐、手术部位用一喷康或5%聚维酮碘溶液原液，同时配合力保生使用	广谱高效、无腐蚀、能杀灭芽孢
9	种羊舍、育肥舍带羊消毒	过氧可安［1：(200~300）倍稀释］或卫可安（1：150倍稀释）	无刺激、安全高效
10	配种间消毒	安灭杀（1：150倍稀释）	无刺激、安全高效
11	产房、产床、保温箱消毒，保育舍带羊消毒	安灭杀（1：150倍稀释）或过氧可安（1：300倍稀释）或卫可安（1：150倍稀释），同时配合力保生使用	无刺激、安全高效
12	饮水消毒	清之源（1t水用6~12片）或瑞农（30~40g/t水）	清之源可以明显改善水质
13	清水线	清之源（1kg水用3~4片）或瑞农（1kg水10~20g）	杀藻，清除管道生物膜
14	熏蒸消毒	烟克1~2g/m^{3}或过氧可安10~15g/m^3	彻底、完全、无死角（严禁带羊熏蒸消毒）
15	终末清场消毒	农可福［1：（100~200）倍稀释］	杀病毒、细菌、寄生虫卵
16	污水消毒	每立方米用清之源15片左右	杀菌、除臭、脱色
17	口蹄疫、流感等重大疫病流行季节消毒	农可福（1：300倍稀释）或过氧可安（1：300倍稀释）或安灭杀（1：150倍稀释）卫可安（1：150倍稀释）	对口蹄疫病毒有特效

（续表）

序号	消毒部位	推荐使用消毒剂及使用浓度	备注
18	备注：（1）常规消毒：每周2~3次，扑疫期消毒：每天1~2次；（2）夏季定期使用农可福对场地及羊舍消毒可有效驱除蚊蝇等有害昆虫；冬季使用农可福、过氧可安可以有效降低羊舍内氨氮气味；（3）产床、保温箱、保育床上长期使用力保生，可有效防止羔羊腹泻，提高羔羊成活率，同时降低羊舍氨氮气味		
19	腹泻、胃肠炎等腹泻性疾病的有效防控措施	（1）消毒：安灭杀（1∶150倍稀释）；（2）干燥：力保生全舍撒50g/m^2；（3）升温：保证羊舍温度在≥25℃（温度以温度计下端与羊背平的读数为准）；（4）防止脱水：饮水中添加补液盐	
20	口蹄疫的有效防控与治疗措施	（1）消毒预防：农可福（1∶200倍稀释）或过氧可安（1∶200倍稀释）带羊消毒；（2）治疗：每天用蹄康直接喷涂患处或者第一次用农可福或安比杀原液直接涂抹患处，第二次、第三次农可福（1∶50倍）涂抹患处，同时地面撒力保生，连用3d，5d痊愈。对没有患病的健康羊和羊舍用农可福（1∶200倍）或过氧可安［1∶（200~300）倍］带羊消毒，每天2次	
21	疥螨、真菌性皮炎、葡萄球菌性皮炎等治疗措施	农可福1∶（20~50）倍稀释，全身或局部涂抹，每天1次或隔天1次，连用3~5d	

第四节　重大疫情防控规程

（1）在贵州省及本区域发生重大疫情和一般传染性疫病期间，停止有关销售、外来人员及领导参观考察、培训等一切对外活动，养殖场内严禁任何外来人员进入。一切车辆（含本场车辆）杜绝进入养殖场，本场工作人员严禁外出。

（2）圈舍内外（含排污沟、生活区、集粪池、无害化处理区等全部区域）每两天常态化消毒1次，消毒决不能留任何死角，消毒前全部区域须彻底清扫干净。

（3）圈舍严格防鸟、灭鼠、灭蚊蝇及昆虫，全部羊舍和饲料库房安装防鸟或捕鸟网，养殖场全部区域每10d灭鼠、灭蚊蝇、灭昆虫1次。

（4）每间隔两天使用针对性消毒液全场消毒，全部消毒液每使用1次即依次轮换。

(5) 排污沟、出粪台、储粪池每周必须消毒1次，然后用石灰干泼。

(6) 场内运粪车每次使用后必须清洗干净并用消毒液轮换消毒。

(7) 养殖场严禁采购相关动物产品，外出人员严禁进入动物产品销售区域。

(8) 所有进出养殖场、饲养区的通道全部上锁，钥匙由技术负责人保管。

(9) 用生石灰在场周围建立2m宽的隔离带，生石灰每15d重新铺撒1次。

第五节 羊场推荐免疫程序

羊场推荐免疫程序见表3-2。

表3-2 羊场推荐免疫程序

年龄	疫苗	主要成分	免疫时间	免疫方法
羔羊	破伤风抗毒素		产后24h内	
	羊传染性脓疱皮炎（羊口疮）活疫苗		7日龄	口腔黏膜注射0.2mL
	羊支原体肺炎灭活疫苗	灭活的丝状支原体山羊亚种C87－1株（CVCC 87001）	15日龄	颈部皮下注射3mL
	羊三联四防灭活疫苗	灭活脱毒的腐败梭菌培养物、灭活脱毒的B型产气荚膜梭菌培养物，灭活脱毒的D型产气荚膜梭菌培养物	产后15～20d首免	皮下注射1头份，首免2周后进行2免
	小反刍兽疫活疫苗		30日龄	颈部皮下注射，按说明书
	口蹄疫二价灭活苗		3月龄断奶后首免	口蹄疫左右颈部肌肉注射1头份，首免2周后进行2免
	山羊痘活疫苗	山羊痘病毒弱毒株（CVCC AV41）	3月龄	羊痘出生后30d尾根皮内注射1头份

（续表）

年龄	疫苗	主要成分	免疫时间	免疫方法
种羊	破伤风抗毒素		预产期前 30d	破伤风抗毒素，0.5mL 肌内注射
	羊支原体肺炎灭活疫苗	灭活的丝状支原体山羊亚种 C87－1 株（CVCC 87001）	每年 3—4 月和 8—9 月	皮下或肌内注射，按说明书
	羊三联四防灭活疫苗	灭活脱毒的腐败梭菌培养物、灭活脱毒的 B 型产气荚膜梭菌培养物，灭活脱毒的 D 型产气荚膜梭菌培养物	每年 3 月和 9 月	按疫苗说明使用，肌内注射
	口蹄疫二价灭活苗		每年 3 月和 9 月	口蹄疫左右颈部肌内注射 1 头份，初次免疫羊只首免后 28d 进行 2 免
	小反刍兽疫活疫苗		每年 3 月和 9 月	颈部皮下注射，按说明书
	山羊痘活疫苗	山羊痘病毒弱毒株（CVCC AV41）	每年 4 月	0.5mL，尾根部皮内注射

注：对在免疫过程中有个别羊只会引起应激反应，可用肾上腺素、地塞米松等进行处理

第六节　生物管制规程

（1）不得在场内饲养猫、狗、鸡、鸭等其他动物，避免猫狗等小动物入场。

（2）避免饲料洒落地面，如有饲料散落，应马上回收或清理干净以避免鸟类入场进食。

（3）圈舍空隙全部铺设防鸟网，圈舍内杜绝出现鸟类。

（4）每年 3 月、6 月、9 月、12 月底进行 4 次灭鼠。

（5）剩饭、剩菜不乱扔乱倒，每周进行 1 次彻底卫生大扫除，场内严禁堆放垃圾，防止蚊蝇的滋生。

（6）夏天每周六定时灭蚊蝇 1 次。

第七节　病死羊处理规程

一、病羊的处理

(1) 当羊发生疾病时，将病羊集中到隔离舍，每天仔细照料、观察，并进行临床诊断，对疾病的性质作出初步判断。

(2) 对普通原因及非生物原因引起病例进行对症治疗。

(3) 对疑似有传染特征的病例尽早和健康羊隔离，病羊的粪便、活动过的场地，接触过的水槽、料槽、圈舍要进行消毒处理，尽快进行实验室确诊，有条件或必要时对其他羊进行紧急接种，在饲料或饮水中添加中草药或中成药进行预防，严禁用抗生素通过饲料和饮水投药。

(4) 对疑难疫病羊立刻淘汰。

二、死羊的处理

对于病死的羊只，若需进行取样送检，按要求进行剖检取样，并进行无害化处理，对解剖地点、病羊生前场地进行彻底消毒。病死羊及病料必须立刻投入无害化处理池中，并覆盖生石灰，封严投入口，投入口铺撒生石灰。

第八节　从业人员自我防护制度

(1) 进入羊场须使用口罩、手套、专用工作服，工作服需每周清洗，并高温灭菌或用消毒剂浸泡消毒，接触病羊后需更换工作服。

(2) 必须注重个人卫生，勤于洗澡和修剪指甲，防止病原在身上藏匿。工作时不吸烟、不吃东西，防止病从口入。

(3) 发现疑似结核、口蹄疫、炭疽等病羊，严禁解剖，一般病羊解剖时必须戴橡胶手套和口罩，解剖完毕后必须彻底消毒和更换工作服。

(4) 每年定期检查身体，尤其注意检查结核、布鲁氏病。

（5）使用注射器、手术刀、剪、耳钳等工作器械，需做好自我保护，避免刺伤、割伤、划伤，如发生器械伤害，需迅速挤出伤口内的血液，然后用碘酊涂抹并包扎，必要时马上就近到医院处理。

（6）安全合理配备及使用检测试剂及消毒药品，有效避免药品和试剂伤害。

（7）从业人员必须掌握正确的抓捕、保定等技巧，避免动物造成人身伤害。对个别主动攻击人的羊只，及时单独隔离并做好防范。

（8）必须严格按说明书操作仪器设备，严格做到安全生产。

第九节　推荐驱虫保健程序

推荐驱虫保健程序见表 3-3。

表 3-3　推荐驱虫保健程序

动物类别	驱虫时段	驱虫药物（备选药物）	驱虫方法	备注
新进羊群	及时驱虫	溴氰菊酯溶液牛羊虫螨净（伊维菌素+氯氰碘柳胺钠套装）	参照产品说明书使用	对体外寄生虫，采用药浴池或药浴通道进行喷洒杀虫剂；同时内服或注射驱虫药物
母羊	在配种前 25d 驱虫 1 次，间隔 7d 再驱虫 1 次	新亨易可驱（1%多拉菌素注射液）、牛羊虫螨净（伊维菌素+氯氰碘柳胺钠套装）	参照产品说明书使用	已怀孕的母羊暂不可驱虫，待分娩后 20d 左右再驱虫
种公羊	1 年驱虫 2 次（春秋二季）	新亨易可驱（1%多拉菌素注射液）、牛羊虫螨净（伊维菌素+氯氰碘柳胺钠套装）	参照产品说明书使用	每次驱虫间隔 7d 后再补驱 1 次。驱虫药注意轮换使用
羔羊	在 50 日龄驱第一次，90 日龄驱第 2 次	新亨易可驱（1%多拉菌素注射液）、牛羊虫螨净（伊维菌素+氯氰碘柳胺钠套装）、易可胖（阿苯达唑伊维菌素预混剂）	参照产品说明书使用	每次驱虫间隔 7d 后再补驱 1 次。驱虫药注意轮换使用

（续表）

动物类别	驱虫时段	驱虫药物（备选药物）	驱虫方法	备注
育成群羊	3月第1次驱虫，9月第二次驱虫	新亨易可驱（1%多拉菌素注射液）、羊虫螨净（伊维菌素+氯氰碘柳胺钠套装）、可胖（阿苯达唑伊维菌素预混剂）	参照产品说明书使用	每次驱虫间隔7d后再补驱1次。驱虫药注意轮换使用
羔羊球虫	球虫暴发期	球虫血痢（地克珠利溶液）	单次经口给药：每5kg体重，羔羊1mL	每天1次，连用3~5d

第十节　疫病诊疗及防控制度

（1）每年对羊群进行布病检测，对于阳性病例，再进行试管凝集试验或PCR方法进一步确诊。连续2次阴性，半年后再监测1次。

（2）对流产母羊采集样本用以上方法检测。如确定为阳性羊，迅速制定严格详细的净化技术规程并组织实施。

（3）通过对羊场病原学的监测，病料采集及病原分离鉴定，将所有病原进行分类登记，逐渐建立羊场病原感染谱。

（4）若分离出细菌性病原，则进行纯化、生理生化鉴定，以羊场常用兽药制作药敏纸片，开展药物敏感试验，筛选出敏感药物，若有必要进行PCR鉴定。

（5）根据临床症状及病理变化，疑似疫病的进行相关疫病病原引物设计、PCR或RT-PCR扩增检测，测序验证。

（6）根据病原学的检查、药物敏感性试验及PCR检测结果，制定用药方案，对发病羊进行治疗观察，评价用药效果，修订用药方案。

（7）针对病羊的具体病情，选择药效可靠、安全、方便、价廉易得的药物制剂。反对滥用药物，尤其是抗菌药物（表3-4）。

（8）掌握药物的作用、用法、适应证，熟悉药物的不良反应和禁忌证，确定正确的给药剂量、给药途径，疗程恰当。

（9）对治疗过程做好详细的用药计划，认真观察出现的药效和不良反应，以便随时调整给药方案。

表 3-4　山羊养殖禁用药品

序号	兽药及其他化合物名称	禁止用途
1	β-兴奋剂类：克化特罗（Clenbuterol）、沙丁胺醇（Salbutamol）、西马特罗（Cimaterol）及其盐、酯及制剂	所有用途
2	性激素类：己烯雌酚（Diethylstilbestrol）及其盐、酯及制剂	所有用途
3	具有雌激素样作用的物质：玉米赤霉醇（Zeranol）、去甲雄三烯醇酮（Trenbolone）、醋酸甲孕（MengestrolAcetate）及制剂	所有用途
4	氯霉素（Chloramphenicol）及其盐、酯（包括：琥珀氯霉素 ChloramphenicolSuccinate）及制剂	所有用途
5	氯苯砜（Dapsone）及制剂	所有用途
6	硝基呋喃类：呋喃唑酮（Furaltadonr）、呋喃苯烯酸钠（Nifurstyrenate Sodium）及制剂	所有用途
7	硝基化合物：硝基酚钠（Sodium mitropenolate）、硝呋烯腙（Nitrovin）及制剂	所有用途
8	催眠、镇静类：安眠酮（Methaqualone）及制剂	所有用途
9	催眠、镇静类：氯丙嗪（Chlorpromazine）、地西泮（安定，Diazepam）及其盐、酯及制剂	促生长
10	硝基咪唑类：甲硝唑（Mertonidazole）、地美硝唑（Dimertronidazole）及其盐、酯及制剂	促生长

第四章　贵州黑山羊科学管理

第一节　精细化分群

为提高管理水平，提升养殖经济效益，应根据羊群不同的生产、生长和生理情况，严格进行群体划分。根据各群体的生产目的，围绕科学管理、防疫保健、营养需求、草料供应、数据收录、责任到人等关键节点，制定科学可行的技术规程和管理制度，严格制度执行，确保达到生产目标。根据贵州省贵州黑山羊生态养殖实际情况，为实现精细化管理，可将羊群分为群体如下。

一、能繁母羊群

将分娩第一胎后至淘汰育肥这一阶段的母羊，划分为能繁母羊群。生产实践中，常将能繁母羊的生产周期分为空怀期、妊娠期和哺乳期，根据不同生产阶段母羊的生产特点和营养需求，科学饲养管理。

二、种公羊群

将已经过初步评估和培育，年龄在 1.5~7 岁，可用于配种的公羊划分为种公羊群。在配种季节，种公羊需提高营养饲养，以保证种公羊性欲旺盛，保障精子的密度和质量，提高母羊受胎率。

三、羔羊群

将初生至完成保育的羔羊，划分为羔羊群。羔羊时期的生长情况，会影响羔羊一生的生产能力发挥，因此羔羊群的饲养管理尤为重要。

四、后备母羊群

羔羊保育完成后，需进行公母分群。从母羊群中挑选外貌特征、初生重、断奶重、体尺指数及相关指标均符合作种用的，组成后备母羊群，并进一步按种羊培育标准测定相关指标。

五、后备公羊群

羔羊保育完成后，需进行公母分群。从公羊群中挑选外貌特征、初生重、断奶重、体尺指数及相关指标均符合作种用的，组成后备公羊群，并进一步按种羊培育标准测定相关指标。

六、育肥羊群

将不适合种用的保育羊、淘汰后备公母羊、淘汰能繁母羊和种公羊划分为育肥群，公母分群后采用强度育肥技术育肥上市。

有条件的养殖场可进一步将能繁母羊群细分为空怀母羊群、怀孕母羊群和哺乳母羊群；羔羊群细分为哺乳羔羊群和断奶过渡羔羊群；育肥羊群分成淘汰羊育肥群和羔羊育肥群。分群方案见图 4-1。

第二节　各类羊的科学饲养

一、放牧羊群管理

（一）放牧时间

贵州黑山羊 1d 的摄食时间应不低于 8h，要达到“四个饱”。羊从上山采食到回嚼为 1 个饱，1 个饱的周期是 2h 左右，4 个饱应是 8h。

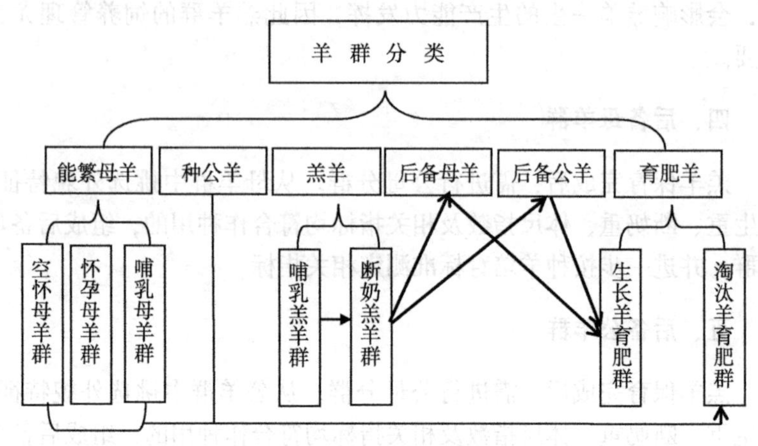

图 4-1　贵州黑山羊科学养殖分群

1. 夏秋季放牧

夏秋季因日长夜短，气温高，羊的饮水量增加，需食量增加，1d 放牧两次，中午让羊回到圈舍中休息、饮水并适当补盐，具体的时间是上午 7 时至 11 时，下午 4 时至 8 时。

2. 冬春季放牧

冬春季昼短夜长，气温低，牧草老化，此时必须延长放牧时间，让羊只多摄入营养，应放全天羊，上午 9 时至 10 时上山，下午 5 时至 6 时收羊。

3. 适当轮牧

缓解草场压力，减少寄生虫病发生。

（二）放牧羊群越冬管理

羊群越冬时间一般指每年农历 11 月到翌年 2 月上旬。历时 3.5 月时间，在此期间气温低，牧草枯，所以越冬管理实际就是在越冬期内造就一个温暖的生活环境和补给充分的草料或精料。

贵州黑山羊最适温度范围 15～25℃。当温度低于 10℃时，山羊采食量、采食时间减少，好动性不明显。当气温低于 5℃时，多数羊只停止采食，而群体取暖或往低洼处避寒，如果哺乳母羊在 5℃以下，连续受寒两天，多数母羊停止泌乳，这是造成冬羔大量死亡的致命因素。如果长时间的阴雨和下雪结冰时，应停止放牧，转为圈养。

做好秋季抓膘和冬季补饲。一是秋季抓膘，秋季多数牧草结籽营养丰富，除做好驱虫保健外，应延长放牧时间，增加营养积累。二是放牧山羊要提前补饲，每天每只补饲以玉米、麦麸、豆粕等精料补充料 250~300g，补饲时间每天下午收羊时投喂，哺乳母羊根据膘情每只每天 500~800g，早晚补给，30d 后转为正常补给。实践证明，哺乳羊可采用熟食补给，以增加母羊泌乳量，同时训练羔羊采食，羔羊的生长速度和成活率都会大大提高。

（三）放牧贵州黑山羊配种管理

贵州黑山羊有群体发情的现象，1 年有 3 次，第一次是春末夏初（农历 3—4 月）；第二次是初秋（农历 7—8 月）；第三次是小阳春（农历 10 月）。但随每年的天气变化会产生变化。发情期日平均气温 18~25℃，连续天晴几天开始。高海拔地区主要是农历 4—5 月最多。掌握山羊发情的规律便于配种管理。种公羊配种前驱虫保健同母羊一样，重点是加强营养。归牧后根据种公羊膘情单独喂给种公羊 400~600g/只精料，配种期间同时带壳喂服生鸡蛋 1 个/d。

二、母羊饲养管理

母羊的饲养管理包括空怀期、妊娠期和哺乳期 3 个阶段。

（一）空怀期的饲养管理

1. 营养饲料供给

空怀期是指羔羊断奶到配种受胎时期。此期的营养好坏直接影响配种、妊娠状况。按表 1-1 评分，对于膘情在 3~4 分的成年母羊，进行维持饲养即可。1 只体重为 40kg 的母羊，可每日供给青干草 1. 5~2kg、青贮饲料 0. 5kg。要求日粮中粗蛋白质含量为 130~140g，不必饲喂精饲料。对于按表 1-1 评分，体况评分低于 3 分，膘情较差的母羊，应在配种前 1 个月按饲养标准配制日粮进行短期优饲，使母羊获得足够的蛋白质、矿物质和维生素，保持良好的体况，可以促进母羊早发情、多排卵、发情整齐和产羔期集中，提高受胎率和多羔率。短期优饲最后1d用公羊进入查情和诱导发情，发情的立刻配种；不发情的注射催情针。配种后优饲日粮应逐渐减少，如果受精卵着床期间营养水平骤然下降，会导致胚胎死亡。但也要注意，不能造成母羊营养过剩，这样容易造成母羊的发情推迟或者怀孕困难。现将空怀母羊饲养标准列于表4-1。

表4-1　空怀母羊的饲养标准

月龄	体重（kg）	风干料（kg）	消化能（MJ）	可消化粗蛋白（g）	钙（g）	磷（g）	食盐（g）	胡萝卜素（mg）
4~6	20~25	1.2	10.9~13.4	70~90	3.0~4.0	2.0~3.0	5~8	5~8
6~8	25~30	1.3	12.6~14.6	72~95	4.0~5.2	2.8~3.2	6~9	6~8
8~10	30~35	1.4	14.6~16.7	73~95	4.5~5.5	3.0~3.5	7~10	6~8
10~12	35~40	1.5	14.6~17.2	75~100	5.2~6.0	3.2~3.6	8~11	7~9
12~18	40~45	1.6	14.6~17.2	75~95	5.5~6.5	3.2~3.6	8~11	7~9

2. 配种管理

（1）发情鉴定。

① 外部观察法。母羊在发情时表现为明显的兴奋不安、食欲减退、反刍停止、大声鸣叫、摇尾、外阴部及阴道充血、肿胀、松弛，并排出或流出少量黏液。

② 阴道检查法。这是一种较为准确的发情鉴定方法。通过开膣器检查阴道黏膜、分泌物和子宫颈口的变化情况来判断发情与否。阴道检查时，先将母羊保定好，洗净外阴，再将开膣器清洗、消毒，涂上润滑剂，检查员左手横持开膣器，闭合前端，缓缓从阴门口插入，轻轻打开前端，用手电筒检查阴道内部变化。当发现阴道黏膜充血、红色、表面光亮湿润、有透明黏液渗出，子宫颈口充血、松弛、开张、有黏液流出时，即可定为发情。检查完毕合拢开膣器轻轻抽出。

③ 试情法。每天1次或早晚2次定时将试情公羊放入母羊群中，试情公母羊比例以1：40为宜。试情地点要平整，便于观察和赶出发

情母羊。当试情公羊放入母羊群中后，发现试情公羊用鼻嗅母羊或用蹄挑逗母羊，甚至爬跨到母羊背上，而母羊站立不动或主动接近公羊时，即为发情母羊。此时，要立即将发情母羊分离以备配种。试情时间以1h左右为宜。

④ 人工干预或同期发情。对不发情的母羊单独分群，或根据生产目标需求组群进行人工干预，具体方案见表4-2。

表4-2　山羊人工干预或同期发情方案

山羊诱导或同期发情方案				
处理方案	处理程序			
	第1d	第10d	第11~12d	撤栓后72h内
孕激素-FSH法	放置阴道栓	注射PG 0.2mg，FSH 20~30IU	撤除阴道栓	发情、配种
孕激素-PMSG法	放置阴道栓	注射PMSG 300~400IU	撤除阴道栓	发情、配种

（2）配种。

坚持“老配早，少配晚，不老不少配中间”的原则，即胎次较高的母羊发情后，第一次适当早配；胎次较低的母羊发情后，第一次适当晚配。高温季节在8:00前、17:00后饲前空腹配种。上午发情，下午配第一次；下午发情次日早上配第一次，间隔12h后用同一只公羊复配1次，每次需做好配种记录。

（二）妊娠期的饲养管理

1. 营养及饲料供给

贵州黑山羊的妊娠期平均为150d，分为妊娠前期和妊娠后期。前3个月称为怀孕前期。这一时期胎儿发育较慢，此期所需营养与母羊空怀期大体一致。必须保证母羊所需营养物质的全价性。特别要保证此期母羊对维生素及矿物质元素的需要，以提高母羊的妊娠率。保证母羊所需要营养物质全价性的主要方法是对日粮进行多样搭配。青草季节通过放牧即可满足母羊的营养需要，不用补饲。枯草期羊放牧吃不饱时，除补饲干草或秸秆外，还应适量饲喂胡萝卜和青贮饲料等富含维生素及矿物质的饲料。母羊产前2个月为怀孕后期。这一时期胎儿在母体内生长发育迅速，胎儿的骨骼、肌肉、皮肤和内脏等各器官生长很快，胎儿初生重约90%的体重是在母羊妊娠后期增加的。此期的营养水平至关重要，关系到胎儿发育、羔羊初生重、母羊产后泌乳力、羔羊出生后生长发育速度及母羊下一繁殖周期。因此在该期热代谢水平比空怀高17%~25%，蛋白质的需要量也增加。妊娠后期母羊每天可沉积20g蛋白质，加上维持所需，每天必须由饲料中供给可消化粗蛋白质40g。整个妊娠期蛋白质的蓄积量为1.8~2.3kg，其中80%是在妊娠后期蓄积的。妊娠后期每日沉积钙、磷量为3.8g和1.5g。妊娠后期的饲养标准应比前期每天增加饲料单位30%~40%，增加可消化蛋白质40%~60%，增加钙、磷1~2倍。母羊所需要的营养物质多、质量高。因此应该给母羊补饲含蛋白质、维生素和矿物质丰富的饲料。如青干草、豆饼、骨粉和食盐等。每天每只羊补饲混合饲料0.5~0.7kg，要求日粮中粗蛋白质含量为150~160g。如果母羊怀孕后期营养不足，胎儿发育就会受到影响，导致羔羊初生重小、抵抗力差、成活率低。但值得注意的是，此期母羊如果养得过肥，也易出现食欲不振，反而使胎儿营养不良。妊娠母羊的饲养标准见表4-3。

表4-3　妊娠母羊的饲养标准

妊娠期	体重(kg)	风干饲料(kg)	消化能(MJ)	可消化粗蛋白质(g)	钙(g)	磷(g)	食盐(g)	胡萝卜素(mg)
前期	30	1.6	12.6~15.9	70~80	3.0~4.0	2.0~2.5	8~10	8~10
	40	1.8	14.2~17.6	75~90	3.2~4.5	2.5~3.0	8~10	8~10
	50	2.0	15.9~18.4	80~85	4.0~5.0	3.0~4.0	8~10	8~10
	60	2.2	16.7~19.2	85~100	4.5~5.5	3.8~4.5	8~10	8~10

（续表）

妊娠期	体重（kg）	风干饲料（kg）	消化能（MJ）	可消化粗蛋白质（g）	钙（g）	磷（g）	食盐（g）	胡萝卜素（mg）
后期	30	1.8	15.1~18.8	80~110	6.0~7.0	3.5~4.0	8~10	10~12
	40	2.0	18.4~21.3	90~120	7.0~8.0	4.0~4.5	8~10	10~12
	50	2.2	20.1~21.8	95~130	8.0~9.0	4.0~5.0	9~12	10~12
	60	2.4	21.8~23.4	100~140	8.5~9.5	4.5~5.5	9~12	10~12

2. 管理重点

（1）预防机械性流产。机械流产是因挤压、打斗等因素造成，挤压是因圈舍过窄、圈门过小或是冬季温度低羊群聚集取暖等因素造成，解决方法是增加圈舍的面积，一般每只羊 1.5~2m^2 适合，冬季修补羊舍，做好冬季保温工作。贵州黑山羊生性好斗，羊群怀孕后应分圈饲养，好斗羊和个体同等的羊分圈隔离关养。

（2）做好防寒保暖工作。妊娠母羊要注意冬防寒、夏防暑，冬季要堵塞羊舍北侧的通风口，防止贼风吹袭和寒流侵袭，达到保温效果，让妊娠母羊多活动，多晒太阳，适当提高饲料能量水平，增强羊的御寒能力。夏季气候炎热，要加强羊舍通风，保持地面干燥，多给青绿饲料和饮水，让羊静卧休息，以防中暑。

（3）日粮营养要全面。妊娠期应保持母羊良好的膘情，不宜过肥或过瘦，营养要全面。管理上应避免吃霜草，及霉变、腐败或冰冻的饲草料，也不能饲喂过多的易在胃中引起发酵的青贮料。妊娠后期，因子宫增大，母羊腹腔容积有限，对饲料干物质的采食量相对减少，饲喂体积过大或水分含量过高的日粮均不能满足其营养需要，须补饲体积较小、营养价值较高的优质干草和精料，减少青贮饲料的喂量。妊娠 90~140d，补饲专用追胎料，能量营养不宜过高，蛋白质、矿物质、维生素含量提高，钙、磷应比不同料增加 40%，比例为 2∶1。产前 1 周，适当减少精料比例，以预防母羊母乳水肿和难产。

（4）根据母羊体况评分调整饲喂量。母羊妊娠后期，根据表 1-1 评分情况合理分圈，调节日粮营养水平或饲喂量，尤其是体况低于 3 分的母羊，更要注意加强营养供应。

（5）围产期母羊精心看护。围产期母羊应注意保膘保胎，准确掌握每只母羊的预产期。围产前几天，不要远出放牧，应就近观察护理。规模化舍饲时，应将围产期的母羊从大群中分出，另组一群。产前 1 周，应将母羊转入消毒后的产房中，精心护理，仔细观察。当发现母羊出现肷窝下陷、乳房胀大、阴门肿大、流出黏液、常独卧墙角、排尿频繁、举动不安、时起时卧、不停地回头望腹、发出鸣叫等临产征兆时，立即安排专人看护，严防分娩时无人在场接产。

（6）做好产中管理。接产前准备。母羊受孕后一般 145～150d 开始产羔，接产时要做好产前准备，一是准备接产用具，止血钳、手术剪、塑料盆、卫生纸或洗净日光消毒后的旧衣、破布等。二是准备好消毒药，常用的有碘酊、一喷康或 5%聚维酮碘溶液原液。

接产。顺产母羊产下羊羔后，一是用毛巾等立即除去口鼻部的羊水和胞衣，以防羔羊呼吸时吸入肺内。二是断脐，接产者应用一喷康或 5%聚维酮碘溶液原液喷（洗）手或带上消毒手套，断脐的长短应根据羔羊的大小，将脐带距腹部 5cm 处断脐，过长易感染，过短不易止血，断脐用止血钳夹住脐带用手术剪剪断，立即涂上碘酊和力保生，然后用手指反复揉搓断口处，取下止血钳即可。

消毒。① 产前消毒：产前消毒主要是产房、用具和接产人员的手消毒，消毒方主要是喷洒和清洗。② 产后消毒：产后消毒是指产后母羊的乳房、羔羊脐带和口部清洗，兽医常用一喷康或 5%聚维酮碘溶液原液，产前应准备多点温开水并配制成 0.05%聚维酮碘溶液，用塑料盆盛着备用。羔羊断脐后，用“力保生”迅速让脐带干燥，待母羊舔食羔羊身上的羊水和胞衣而又想站立找奶吃时，即可用化纤布蘸水，清洗羔羊面部，以口鼻部为重，然后清洗母羊乳房，最后清洗母羊阴部的污血等，此方法以后 3d 进行 1 次，连续半个月，可有效预防羊口疮、羔羊大肠杆菌等疾病，保障羔羊成活率。

（7）难产母羊处理。造成母羊难产的原因主要是胎儿过大、母羊产道小和胎位不正3种原因。有难产病史和发生难产的母羊在子宫颈口开张后，肌内注射催产素。注射催产素仍无效的须人工助产，人工助产时，要剪平指甲，戴长手套，润滑并消毒，然后随着子宫收缩节律缓慢将手伸入阴道内，手掌心向上，五指并拢；母羊子宫扩张时，用手握住前两肢，随着母羊努责，轻轻向下方拉出。如果遇到胎位不正时，要把母羊后躯垫高，将胎儿露出部分送回，手入产道，纠正胎位，把母羊阴道用手撑大，将胎儿的两前肢拉出再进去，重复3~4次即可将胎儿拉出来。对难产的母羊，需在母羊卡上注明发生难产的原因，以便下一产次的正确处理或作为淘汰鉴定的依据。

（8）羔羊假死防治。有的羔羊生下来就“假死”，表现是心脏跳动但不喘气。遇此情况，先快速把羔羊呼吸道内的黏液和胎水清除，擦净鼻孔，将羔羊放在前低后高的地方仰卧，两手分握前、后肢，以肺部为轴线反复前后屈伸，并用手轻拍胸部两侧，向羔羊鼻内喷烟，可刺激羔羊喘气。

（三）哺乳期的饲养管理

1. 营养及饲料供给

自然情况下，贵州黑山羊传统饲养习惯哺乳期一般是3个月以上，可分为泌乳前期、泌乳盛期和泌乳后期。哺乳前期是羔羊生后前两个月，其营养来源主要靠母乳。测定表明，羔羊每增重1kg需耗母乳5~6kg，为满足羔羊快速生长发育的需要，必须提高母羊的营养水平，提高泌乳量。泌乳前期主要保证母羊的泌乳机能正常，细心观察和护理母羊及羔羊。母羊产后身体虚弱，应加强喂养。补饲的饲料要营养价值高、易消化，使母羊尽快恢复健康和分泌充足的乳汁。对产羔多的母羊更要加强护理，多喂些优质青干草和混合饲料。每只母羊每天应供给1.5kg青干草、2kg青贮饲料和青绿多汁饲料0.8kg、精饲料15~18kg、骨粉、8~9g食盐。泌乳盛期一般在产后30~45d，母羊体内储存的各种养分不断减少，体重也有所下降，这一时期的饲养条件对泌乳量有很大影响，应给予母羊最优越的饲养条件，配合最好的日粮。日粮水平的高低可根据羊泌乳量的多少进行调整，通常每天每只母羊补饲多汁饲料 2kg、混合饲料 0.8~1.0kg。泌乳后期要逐渐降低饲料的营养水平。控制混合饲料的喂量。母羊泌乳量一般在产后 30~40d 达到最高峰，50~60d 后开始下降，同时羔羊采食能力增强，对母乳的依赖性降低。因此，应逐渐减少母羊的日粮给量，逐步过渡到空怀母羊日粮标准。贵州黑山羊一般在 3 月龄断奶，羔羊断奶后母羊进入空怀期，这一时期主要做好日常饲养管理工作。哺乳期母羊饲养标准见表 4-4。

表 4-4　羔羊日增重 100~200g 哺乳母羊饲养标准

	体重 (kg)	风干饲料 (kg)	消化能 (MJ)	可消化粗蛋白质 (g)	钙 (g)	磷 (g)	食盐 (g)	胡萝卜素 (mg)
单羔	30	2.0	18.0~23.4	100~150	7.0~8.0	4.0~5.0	10~12	6~8
	40	2.2	19.2~24.7	170~190	7.5~8.5	4.5~5.5	12~14	6~8
	50	2.4	23.4~25.9	180~200	8.0~9.0	4.6~5.6	13~15	8~12
	60	2.6	24.3~27.2	180~200	8.5~9.5	4.8~5.8	13~15	9~15
双羔	30	2.8	21.8~28.5	150~200	8.0~10.0	5.5~6.0	13~15	8~10
	40	3.0	23.4~29.7	180~220	9.0~11.0	6.0~6.5	14~16	9~12
	50	3.0	24.7~31.0	190~230	9.5~11.5	6.0~7.0	15~17	10~13
	60	3.2	25.9~33.5	200~240	10.0~12.0	6.2~7.5	15~17	12~15

2. 管理重点

(1) 母羊母性培养。有些初产的母羊，缺乏母性，常遗弃自生羔羊，不舔食羔羊身上的黏液，拒绝喂羔羊吃奶，甚至顶、撞、踩压羔羊。遇到这种情况，首先应将羔羊身上黏液抹入母羊鼻端、嘴内，或把羔羊身上撒些麸皮诱导母羊舔食。如母羊仍不舔食，应该尽快用布或软草将羔羊全身擦干，辅助羔羊吃饱初乳，然后将母羊放入单圈，每隔 2~3h 哄起母羊 1 次，强迫母羊喂羔羊吃奶，经过5~7d单放小圈饲养，强制吃奶，能促使母仔相识与亲和，引起母爱。一般来讲，绝大多数母羊会认羔，这时应适时调到中圈饲养。少数仍不认羔的母羊，要继续留在小圈强制吃奶，直至认羔为止。

（2）弱羔管理。对弱羔，要挤健康母羊的初乳喂饮，如母羊乳头过大，要人工辅助衔乳头吃奶。初生的几天，留在暖室内护理，待能独立哺乳时，再放入母仔小圈观察几天，直至羔羊健壮，再将母羊和羔羊放入大群饲养。产双羔或3~4羔的母羊奶不足，可找产单羔或死去羔羊母羊代哺，也可与强壮母羊对换羔羊代哺；如代哺母羊拒哺，可在代哺前将母羊胎液或羊奶涂在羔羊身上，使其难以识别真伪，就可让其吃奶。

（3）预防乳房炎。为预防乳房炎，母羊产后1~3d以饲喂优质青草和干草为主，精料补充料量须控制在200g/d，第四天开始循序渐进地加大精料补饲量，根据母羊体况和产羔多少，补饲量需在400~500g/d。

乳房炎是母羊产羔后，由于泌乳紊乱和病菌侵袭而产生的炎症，乳房炎常发于泌乳高的母羊，患病母羊因停止泌乳而致羔羊死亡，对养羊也造成严重危害。

乳房炎发病母羊因疼痛而拒绝哺乳，吃草正常。当羔羊吃奶时母羊跳开躲避，此时用手摸乳房，如发现乳房有硬块，表面温度高，即可确诊为乳房炎，其治疗方法如下。一是热敷法。用温开水配制0.05%聚维酮碘溶液进行热敷半小时，注意保持水温，1d多次。二是放血疗法。在乳房硬块处用16号针深刺放血，3d重复1次。三是封闭疗法。在硬块周边柔和地方多点深部注射抗生素药物，用量是肌注的2~3倍，每个点不能超过3mL，1次/d，常用药有速必克-30%普鲁卡因青霉素注射液、得米佳特-20%土霉素注射液。四是全身疗法。所用药物同上，2次/d；当病情严重，几种方法同用。五是预防。对泌乳高的母羊产羔后，羔羊利用不完要进行人工挤除；上一胎出现过的母羊产前产后6h各注射1次得米佳特-20%土霉素注射液

(可静脉级) 或新亨赛福-30%盐酸林可霉素注射液，有很好的预防效果。

三、种公羊群饲养管理

种公羊是发展养羊生产的重要生产资料，对羊群的生产水平、产品品质都有重要的影响。商品扩繁场建议以本交为主，联合育种场建议以人工授精为主，须精选种羊并做好精细管理。

种公羊的饲养管理要求比较精细，应常年保持结实健壮的体质，体况维持3~4分，中上等膘情，力求常年保持健壮繁殖体况，并具有旺盛的性欲、优质的精液和耐久的配种能力。配种季节前后应保持健康体况，使其配种能力强、精液品质好，提高利用率。种公羊的饲料要求营养含量高，应保证饲料的多样性，精粗饲料合理配搭，尽可能保证青绿多汁饲料全年较均衡地供给；在枯草期，要准备较充足的青贮饲料；同时，日粮应保持较高的能量和粗蛋白水平，有足量维生素A、维生素D以及无机盐等。日粮可因地制宜，就地取材，力求饲料多样化、合理搭配，以使营养齐全。并且容易消化、适口性好。种公羊必须有适度的放牧和运动时间，这一点对非配种期种公羊的饲养尤为重要，以免因过肥而影响配种能力。种公羊的日粮应根据非配种期和配种期的不同饲养标准来配合，再结合种公羊的个体差异作适当调整。

(一) 非配种期种公羊的饲养管理

种公羊在非配种期的饲养以恢复和保持其良好的种用体况为目的。配种结束后，种公羊的体况都有不同程度的下降，为使体况很快恢复，在配种刚结束的1个月内，种公羊的日粮应与配种期基本一致，但对日粮的组成可作适当调整，增加优质青干草或青绿多汁饲料的比例，并根据体况的恢复情况，逐渐转为饲喂非配种期的日粮。

冬季种公羊的饲养要保持较高的营养水平，既有利于体况恢复，又能保证其安全越冬度春。做到精粗料合理搭配，补饲适量青绿多汁饲料（或青贮料），在精料中补充一定数量的微量元素。精料补充料的用量不低于0.5kg，优质干草2~3kg。每天需1.5kg左右的饲料单位，150g左右的可消化蛋白质。

春季、夏季种公羊以放牧为主，每日补饲少量的精料补充料和干草。

（二）配种期种公羊的饲养管理

种公羊在配种期内要消耗大量的养分和体力，配种期每生产1mL的精液，需可消化粗蛋白质50g。此外，激素和各种腺体的分泌物以及生殖器官的组成也离不开蛋白质，同时维生素A和维生素E与精子的活力和精液品质有关。只有保证种公羊充足的营养供应，才能使其性欲旺盛、精子密度大、活力强，母羊受胎率高。因配种任务或采精次数不同，个体之间对营养的需要量相差很大。对配种任务繁重的优秀种公羊，每天应补饲1.0~2.0kg的精料补充料，并每天在日粮中增加鲜鸡蛋1~2个，以保持其良好的精液品质。

配种期种公羊的饲养管理要做到认真、细致，要经常观察羊的采食、饮水、运动及粪、尿排泄等情况。保持饲料、饮水的清洁卫生，如有剩料应及时清除，减少饲料的污染和浪费。青草或干草要放入草架饲喂。

配种前1.5~2个月，逐渐调整种公羊的日粮，增加精料补充料的比例，同时进行采精训练和精液品质检查。开始时每周采精检查1次，以后增至每周2次，并根据种公羊的体况和精液品质来调节日粮或增加运动。对精液稀薄的种公羊，应增加日粮中蛋白质饲料的比例，当精子活力差时，应加强种公羊的放牧和运动。

种公羊的采精次数要根据羊的年龄、体况和种用价值来确定。对1.5岁左右的种公羊每天采精1~2次为宜，不要连续采精；成年公羊每天可采精3~4次，每次采精应有2h左右的间隔时间；采精较频繁时，应保证种公羊每周有2d的休息时间，以免因过度消耗养分和体力而造成体况明显下降。种公羊饲养标准见表4-5。

表 4-5 种公羊的饲养标准

饲养期	体重(kg)	风干饲料(kg)	消化能(MJ)	可消化粗蛋白(g)	钙(g)	磷(g)	食盐(g)	胡萝卜素(mg)
非配种期	50	1.8~2.1	16.7~20.5	110~140	5~6	2.5~3	10~15	15~20
	60	1.9~2.2	18~21.8	120~150	6~7	3~4	10~15	15~20
	70	2.0~2.4	19.2~23	130~160	7~8	4~5	10~15	15~20
	80	2.1~2.5	20.5~25.1	140~170	8~9	5~6	10~15	15~20
配种期（1）	50	2.2~2.6	23.0~27.2	190~240	9~10	7.0~7.5	15~20	20~30
	60	2.3~2.7	24.3~29.3	200~250	9~11	7.5~8.0	15~20	20~30
	70	2.4~2.8	25.9~31.0	210~260	10~12	8.0~9.0	15~20	20~30
	80	2.5~3.0	26.8~31.8	220~270	11~13	8.5~9.5	15~20	20~30
配种期（2）	50	2.4~2.8	25.9~31	260~370	13~14	9~10	15~20	30~40
	60	2.6~3.0	28.5~33.5	280~380	14~15	10~11	15~20	30~40
	70	2.7~3.1	29.7~34.7	290~390	15~16	11~12	15~20	30~40
	80	2.8~3.2	31~36	310~400	16~17	12~13	15~20	30~40

注：配种期（1）为配种 2~3 次；配种期（2）为配种 3~4 次。

在配种期内，种公羊每天需要 2kg 以上的饲料单位，250g 以上的可消化蛋白质，并且根据日采精次数的多少，相应地调整常规饲料及其所需饲料的定额。一般可按混合精料 1.2~1.4kg、青干草 2kg、胡萝卜 0.5~1.5kg、食盐 15~20g、骨粉 5~10g 的标准喂给。

为进一步提高公羊的射精量和精液品质，可在配种前 1 个月，在精料中添加二氢吡啶，每天用量 100mg/kg，一次性喂给，直至配种结束。

（三）种公羊采精管理

种公羊配种前 1~1.5 个月开始采精，同时检查精液品质。开始时 1 周采精 1 次，以后增加到 1 周 2 次，然后 2d 进行 1 次，到配种时每天可采 1~2 次。对小于 18 月龄的种公羊 1d 内采精不得超过 2 次，且不要连续采精；两岁半以上的种公羊每天采精 3~4 次，最多 5~6 次。采精次数多时，每次间隔需在 2h 左右，使种公羊有休息时间。公羊采精前不宜吃得过饱。对精液密度较低的种公羊，日粮中可加一些动物性蛋白质，如鱼粉、发酵血粉等，同时要加强运动，特别是对精子活力较差的种公羊。

四、羔羊的饲养管理

（一）羔羊的饲养管理

羔羊生长发育快，可塑性大，合理地进行羔羊的培育，可促使其充分发挥先天的性能，又能加强对外界条件的适应能力，有利于个体发育，提高生产力。研究表明，精心培育的羔羊，体重可提高 29%～87%，经济收入可增加 50%。初生羔羊体质较弱，抵抗力差，易发病，搞好羔羊的护理工作是提高羔羊成活率的关键，羔羊饲养管理的重要节点为出生至 7 日龄、7 日龄至断奶、断奶应激期，管理要点如下。

1. 出生至 7 日龄

初乳是指母羊产后 3～5d 内分泌的乳汁，其乳质黏稠、营养丰富，易被羔羊消化，是任何食物不可代替的食料。同时，由于初乳中富含镁盐，镁离子具有轻泻作用，能促进胎粪排出，防止便秘；初乳中还含有较多的免疫球蛋白和白蛋白，以及其他抗体和溶菌酶，对抵抗疾病，增强体质具有重要作用。出生后羔羊吃到初乳的时间不能超过 30min，对吃不到初乳的羔羊，最好能让其吃到其他母羊的初乳，否则很难成活。母羊产出第一只小羊后，立刻将每个乳头的最初几滴奶挤掉，让羔羊马上吃初乳，对不会吃乳的羔羊要进行人工辅助。母性差、拒绝哺乳的母羊必须及时实施人工强制哺乳；及时将小龄羔和弱羔寄养和分养给母性好的母羊。另外母羊在 20d 内泌乳高峰期内需预防母羊乳房炎和羔羊痢疾等疾病的发生。

吃足初乳的羔羊放入保温箱，保持箱内温度 35℃。同时，初步判断其种用价值，对具备种用价值的，按本场育种方案编耳号，测量初生重、体尺等育种指标后对无种用价值的羔羊，一般可按出生天数来分群，生后 3～7d 母仔在一起单独管理，可将 5～10 只母羊合为一小群；7d 以后，可将产羔母羊 10 只合为一群；20d 以后，可大群管理。分群原则是：羔羊日龄越小，羊群就要越小；日龄越大，组群就越大；同时还要考虑到羊舍大小、羔羊强弱等因素。在编群时，应将发育相似的羔羊编群在一起。

2. 7 日龄至断奶

(1) 尽早开食。羔羊 7 日龄开始，需用优质青草、苜蓿等优质干草和专用羔羊开口料诱食，刺激其瘤胃和消化道发育，锻炼其消化能力，为断奶后正常生长发育打下基础。

(2) 人工补饲。多羔母羊或泌乳量少的母羊，其乳汁不能满足羔羊的需要，应对其羔羊进行补饲。可用牛奶、羊奶粉或其他流动液体食物进行喂养，当用牛奶、羊奶喂羔羊，要尽量用鲜奶，因新鲜奶其味道及营养成分均好，且病菌及杂质也较小，用奶粉喂羊时应该先用少量冷开水把奶粉溶开，然后再加热水，使总加水量达奶粉总量的 5~7 倍。羔羊越小，胃也越小，奶粉兑水量应该越少。有条件可加点植物油、鱼肝油、胡萝卜汁及多维、微量元素、蛋白质等，也可喂其他流体食物如豆浆、小米汤、代乳粉或婴幼儿米粉。这些食物在饲喂前应加少量的食盐及骨粉，有条件再加些鱼油、蛋黄及胡萝卜汁等。补饲关键是做好“四定”，即：定人、定温、定量、定时，同时要注意卫生条件。

定人。自始至终固定专人喂养，使饲养员熟悉羔羊生活习性，掌握吃饱程度、食欲情况及健康与否。

定温。掌握好人工乳的温度，一般冬季喂 1 个月龄内的羔羊，应把奶凉到 35~41℃，夏季还可再低些。随着日龄的增长，奶温可以降低。一般可用奶瓶贴到脸上，不烫不凉即可。温度过高，不仅伤害羔羊，而且羔羊容易发生便秘；温度过低，往往容易发生消化不良、下痢、鼓胀等。

定量。限定每次的喂量掌握在七成饱的程度，切忌过饱。具体给量可按羔羊体重或体格大小来定。一般全天给奶量相当于初生重的 1/5 为宜。喂给粥或汤时，应根据浓度进行定量，全天喂量应低于喂奶量标准。最初 2~3d，先少给，待羔羊适应后再加量。

定时。每天固定时间对羔羊进行饲喂，轻易不变动。初生羔每天喂 6 次，每隔 3~5h 喂 1 次，夜间可延长时间或减少次数。10d 以后每天喂 4~5 次，到羔羊吃料时，可减少到 3~4 次。

（3）加强卫生及运动。卫生条件是培育羔羊的重要环节，保持良好的卫生条件有利于羔羊的生长发育。舍内最好垫一些干净的垫草，保持产羔舍内清洁、通风，且温度在 10~25℃。运动可使羔羊增加食欲，增强体质，促进生长和减少疾病，为提高其肉用性能奠定基础。随着羔羊日龄的增长，逐渐加长在运动场的运动时间。

（4）断奶。采用一次性断奶法，断奶后母羊移走，羔羊继续留在原舍饲养，尽量给羔羊保持原来环境。为缩短空怀期，建议羔羊在 25 日龄开始补饲专用代乳粉，根据羔羊采食干物质情况，在 30~35 日龄断母乳，45~50 日龄断代乳粉。优质青草、苜蓿等优质干草和专用羔羊开口料饲喂到 90 日龄，90 日龄开始按不同培育目标分群饲养。

（5）做好常见病预防及治疗，羔羊黄痢，羔羊体质差时会长时不止，有时在肛门外粘毛而结痂，引起脱水和烂肛门死亡，治疗方法是口服痢特灵、土霉素等抗痢疾药。肛门外结痂的要及时清洗，用一喷康或 5%聚维酮碘溶液原液，预防感染。羔羊大肠杆菌病，因羔羊营养不足体质差，免疫力低，大肠杆菌在体内大量繁殖产生毒素而使羔羊中毒发病，常见的症状是急性败血型和慢性腹泻型。

败血型大肠杆菌病，病初无症状，忽然倒地，发出悲惨叫声，体温升高到 40~41℃。或是发生神经状，养羊户叫“抽疯”，几个小时后死亡，此症状多发生在 12~20 日龄幼羔。慢性腹泻病初体温升高，羔羊怕冷而聚集取暖，不吃乳，不久出现腹泻、拉水样便，腹痛尖叫，最后叫声减小，脱水死亡。此病治疗方法同黄痢，但治疗效果不好，需做好预防。一是对同期体重轻的羔羊提前注射得米佳特-20%土霉素注射液（可静脉级）等抗痢疾药；二是做好母羊产前抓膘、产后保膘，以保证新羔健而壮、抗病力强；三是母羊进产房前彻底做好消毒；四是做好羔羊保温，不仅保障羔羊圈的上部升温，地面还需铺上废旧棉被等保温，预防羔羊肚子受凉。

(二) 代乳粉使用

从具有相应资质的厂家购买羔羊代乳粉，将代乳粉用温度50℃烧开过的水按1份代乳粉兑4~5份水冲泡，混匀，用奶瓶或奶盆喂给羔羊，饲喂时温度应在（37±2）℃。根据羔羊大小，每次羔羊20~60g代乳粉，代乳粉要即冲即喂。羔羊由随母哺乳转到喂代乳粉要有4d的过渡期，逐渐的用代乳粉替代羊母乳；即第一天喂1次，喂量为50mL；第二天喂两次，每次喂量为50mL；第三天喂3次，每次喂量为100mL；第四天喂3次，按常量喂。喂完代乳粉用湿毛巾将羔羊口部擦净，奶瓶、奶盆用后应用开水消毒，以免传染疾病。

五、育成羊的饲养管理

育成羊是指可留作种用，断奶后至第一次配种前的幼龄羊。羔羊断奶后的前3~4个月生长发育快，增重快，对饲养条件要求较高，应按性别、体重分别组群饲养。8月龄后羊的生长发育强度逐渐下降，到1.5岁时生长基本结束，因此在生产中一般将后备羊分为两个阶段进行培育，即育成前期4~8月龄和育成后期8~18月龄。

育成前期，尤其是刚断奶不久的羔羊生长发育快，瘤胃容积有限且机能不完善，对粗饲料的利用能力较弱。这一阶段饲养得好坏是影响羊的体格大小、体型和成年后的生产性能的重要阶段，必须引起高度重视，否则会给整个羊群的品质带来不可弥补的损失。育成前期羊的日粮应以TMR为主，结合放牧或补饲优质青干草和青绿多汁饲料，日粮的粗纤维含量以30%为宜。

育成后期羊的瘤胃消化机能基本完善，可以采食大量的粗饲料。这一阶段，育成羊可以以放牧或粗饲料为主，结合补饲少量的混合精料或优质青干草。育成羊的饲养标准见表4-6。

表 4-6　育成羊的饲养标准

月龄	体重（kg）	风干饲料（kg）	消化能（MJ）	可消化粗白质（g）	钙（g）	磷（g）	食盐（g）	胡萝卜素（mg）
4~6	25~30	1.4	14.6~16.7	90~100	4.0~5.0	2.5~3.8	6~12	5~10
6~8	30~35	1.6	16.7~18.8	95~115	5.0~6.3	3.0~4.0	6~12	5~10
8~10	35~40	1.8	16.7~20.9	100~125	5.5~6.5	3.5~4.3	6~12	5~10
10~12	40~45	2.0	20.1~23.0	110~135	6.0~7.0	4.0~4.5	6~12	5~10
12~18	45~60	2.2	20.1~23.4	120~140	6.5~7.2	4.5~5.0	6~12	5~10

公母羊对饲养条件的要求和反应不同，公羊生长发育较快，同化作用强，营养需要较多，对丰富饲养具有良好的反应，若营养不良则发育不如母羊。对严格选择的后备公羊更应提高饲养水平，保证其充分生长发育。各类羊日粮参考配方见表 4-7。

表 4-7　各类羊日粮参考配方　（%）

	种公羊		成年母羊			育成母羊	5~6 月龄羔羊
	非配种	配种期	空怀期	妊娠期	哺乳期		
玉米	28	35	20	35	40	30	30
豆粕	22	25	18	20	25	15	20
棉粕	6						
苜蓿	10	15	20	20	10	15	15
青贮玉米							10
秸草粉	30	20	40	20	20	35	20
氢钙	4	5	2	5	5	5	5

注：微量元素、多维按说明添加，食盐按饲养标准量加入

六、育肥羊群管理技术

（一）育肥准备

不适合种用的羔羊、淘汰母羊、公羊全部通过强度育肥，作为商品羊销售。育肥羊应按照体重大小分群，每只占地面积为 1.5m²，饲

槽位不低于25cm。分群后应做好抗应激，将葡萄糖粉和复合维生素混于水中饮用；做好驱虫，严格按本场驱虫方案执行；做好健胃，除严格执行本场保健方案外，可使用胃泰宁等进行健胃。

要依据当前市场行情发展设计育肥时间。一般情况下，育肥时间以60~80d为宜。育肥架子羊时，公羊要全部去势，使用药浴驱虫，要注射五联疫苗。为了保证羔羊在短期内达到育肥效果，要为羔羊创建合理的育肥环境与提供充足的育肥饲料，育肥前最好设置预饲期，通常情况下以15d为宜。

（二）管理要点

每日早、中、晚投料3次，每次投料量以槽内剩余5%左右为宜。育肥羊的管理每天坚持“五定”“五净”“三看”法。“五定”即饲养人员固定、饲料配方固定、每圈饲养羊只固定、投料时间固定、投料量固定；“五净”即草料净、饮水净、饲槽净、圈舍净、羊体净；“三看”即看精神、看食欲、看粪便，发现异常及时登记并处理。育肥圈舍每天清理卫生、保障自由饮水，圈舍及饲槽必须保持完好，定期消毒，圈舍保持通风、防雨，减少因环境条件不适造成的营养损耗，把饲料营养大部分用在增肥上。

（三）育肥羊群日粮

育肥养殖建议采用TMR或FTMR饲喂，TMR饲料配方设计要求如下。

1. 参照饲养标准配合日粮

因贵州黑山羊尚未建立专用饲养标准，初次配合日粮需参照NRC和国内相关地方品种山羊饲养标准，否则就无法确定各种养分的需要量。

2. 充分利用本地资源

应结合贵州资源禀赋，选当地最为常用、营养丰富而又相对便宜的饲料原料。在不影响羊只健康的前提下，通过饲喂能够获得最佳经济效益。

3. 饲料原料搭配合理

饲料原料搭配必须有利于适口性的改善和消化率的提高。如青贮、糟渣等酸性饲料与碱化氨化秸秆等饲料原料搭配。

4. 饲料原料种类多样化，精粗配比适宜

生长羊育肥建议精粗比（50~60）：（50~40），淘汰羊育肥建议精粗比（60~70）：（40~30）。饲草一定要有2种或2种以上，精料同样尽量多元化，使营养全面，改善日粮的适口性，保持育肥羊群的食欲。

5. 保证合理的TMR容重

尽量保持配制好的TMR容重在480~550kg/m^3。日粮体积过大，难以吃进所需的营养物质；体积过小即使营养得到满足，由于瘤胃充盈度不够，难免有饥饿感。

6. 配制好的TMR应保持相对稳定

突然改变日粮构成会影响羊瘤胃发酵，降低消化率，甚至引起消化不良或下痢等疾病。

7. TMR原料添加顺序

① 基本原则遵循先干后湿、先粗后精、先轻后重的原则。

② 添加顺序一般依次是干草、青贮、湿糟、精料、辅助饲料类等；一般为长饲草→青贮→谷物和蛋白质原料→预混料。

③ 称量准确，投料准确，每批原料投放应记录清楚并严格按日粮配方根据搅拌机的说明掌握适宜的搅拌量，避免过多装载，影响搅拌效果。通常，搅拌量为搅拌机总容积的70%~80%为宜。

④ 一般情况下，最后一种饲料加入后搅拌5~8min即可，1个工作循环20~30min。

⑤ 搅拌后TMR中至少有35%的粗饲料长度大于3.5cm。

8. TMR机械搅拌

搅拌是获取理想TMR的关键环节，搅拌时间与TMR的均匀性和饲料颗粒长度有关，一般情况下，加入最后一种原料后应继续搅拌3~8min，1个工作循环掌握在30min。搅拌时要注意按照合适的填料顺序，添加过程中防止铁器、石块、包装绳等杂质混入，造成搅拌机损伤。

9. TMR 人工搅拌

若羊场未配备全混合日粮搅拌设备时，推荐进行人工全混合日粮配合。操作方法为：选择平坦、宽、清洁的水泥地，先将每天或每吨的青贮饲料均匀摊开，后将所需精饲料均匀撒在青贮上面，再将已切短的干草摊放在精饲料上面，最后再将剩余的少量青贮撒在干草上面，适当加水喷湿，人工上下翻折，直至混合均匀。如饲料量大也可用混凝土搅拌机代替。

(四) 育肥羊可使用的绿色安全饲料添加剂

1. 脲酶抑制剂

脲酶抑制剂是近年研制出的反刍动物饲料添加剂，可以控制瘤胃中的脲酶的活性，减慢瘤胃内尿素的分解速度，提高反刍动物对氮的利用率，避免氨中毒，为非蛋白氮利用开辟了新的途径。据辽宁省畜牧兽医科研所试验，每只羊每天添加脲酶抑制剂 50g，尿素 30g，连续饲喂 92d，饲喂组比同期对照组平均每只羔羊多增重 2. 31kg。

2. 脂肪酸钙

脂肪酸钙是近年新研制的一种能量饲料添加剂，在国外已广泛用于畜牧业生产。脂肪酸钙是由脂肪酸与钙结合形成的有机化合物，又称保护油脂。它可以直接通过瘤胃到真胃和小肠后水解并吸收，避免瘤胃微生物对其生化影响。脂肪酸钙能提高饲料中的能量水平，减少饲料中精料比例，降低饲养成本。辽宁省畜牧兽医科研所利用脂肪酸钙做了羔羊育肥试验。试验结果表明，在日粮相同条件下，每天每只添加脂肪酸钙 30g，试验组比对照组平均增加体重 2. 85kg，提高 3.9%。经屠宰测定，屠宰率、净肉率分别提高 4 个百分点和 3. 9 个百分点，胴体脂肪厚度（GR）值增加 3. 9mm。添加 10g 和 20g 的试验组与对照组差异不显著。

3. 莫能菌素

莫能菌素又称瘤胃素、莫能菌素钠，有控制和提高瘤胃发酵效率的作用，从而提高增重速度及饲料转化率。用莫能菌素饲喂舍饲育肥羊，每千克日粮添加25~30mg，日增重可提高35%，饲料转化率提高27%。添加时一定要搅拌均匀，初喂少给，逐渐增加。

4. 喹乙醇

喹乙醇又名快育灵，为合成抗菌剂。喹乙醇有促进蛋白质同化、增加氮沉积的作用，从而加快育肥速度。另外它能抑制肠道有害菌，保护菌群，增加机体对饲料的消化吸收能力来促进生长。一般每千克日粮干物质添加喹乙醇50~80mg，可提高增重10%~20%。

七、种羊淘汰要点

（1）后备母羊超过15月龄以上不发情的。

（2）断奶母羊3个月不发情的，并且认为干预后无效的。

（3）母羊连续2次、累计3次妊娠期习惯性流产的，经治疗后无效的。

（4）母羊配种后复发情连续3次以上的，经治疗后无效的。

（5）青年母羊连续3胎活产羔均1头的。

（6）经产母羊累计4产次活产羔均1头的。

（7）经产母羊连续2产次、累计3产次哺乳羔羊成活率低于50%，以及泌乳能力差、咬仔、经常难产的母羊。

（8）后备公羊超过12月龄以上不能使用的。

（9）公羊连续两个月精液检查（有问题的每周精检1次）不合格的。

（10）后备羊有先天性生殖器官疾病的。

（11）发生普通病连续治疗3个疗程而不能康复的种羊。

（12）发生严重传染病的种羊。

（13）由于其他原因而失去使用价值的种羊。

（14）母羊年淘汰率20%，公羊年淘汰率35%。

（15）后备母羊使用前淘汰率10%~20%，公羊淘汰率20%~30%。

（16）老场：后备羊年引入数=基础成年羊数×年淘汰率÷后备羊

合格率。

(17) 新场：后备种羊引入数=基础成年羊数÷后备种羊合格率。

八、编号及去势

(一) 编号

为了科学地管理羊群，需对羊只进行编号。常用的方法有：带耳标法、剪耳法。

1. 耳标法

耳标材料有金属和塑料两种，形状有圆形和长形。耳标用以记载羊的个体号、品种等及出生年月等。以金属耳标为例：用钢字钉把羊的号数打在耳标上，第一个号数中打羊的出生年份的后一个字，接着打羊的个体号；为区别性别，一般公羊尾数为单，母羊尾数为双。耳标一般戴在左耳上，用打耳钳打耳时，应在靠耳根软骨部，避开血管，用碘酒在打耳处消毒，然后再打孔，如打孔后出血，可用碘酒消毒，以防感染。

2. 剪耳法

用特制的缺口剪，在羊的两耳上剪缺刻作为羊的个体号。其规定是：左耳作个位数，右耳作十位数，耳的上缘剪一缺刻代表3，下缘代表1，耳尖代表100，耳中间圆孔为400；右耳上缘一个缺刻为30，下缘为10、耳尖为200，耳中间的圆孔为800。

(二) 记录

羊只编号以后，就可对其进行登记做好记录，要记清楚其父母编号、出生日期、羔羊编号、初生重、断奶体重等，最好绘制登记表格。

(三) 断尾

尾部长的羊为避免粪便污染羊毛及防止夏季苍蝇在母羊外阴部下蛆而感染疾病和便于母羊配种，必须断尾。断尾应在羔羊出生后10d内进行，此时尾巴较细不易出血，断尾可选在无风的晴天实施。常用方法为结扎法，即用弹性较好的橡皮筋套在尾巴的第三、四尾椎之间紧紧勒住，断绝血液流通。大约10d尾即自行脱落。

（四）去势

对不作种用的公羊都应去势，以防止乱交乱配。去势后的公羊性情温顺、方便管理、节省饲料、容易育肥，所产羊肉无膻味且较细嫩。去势一般与断尾同时进行，时间一般为10d左右，选择无风、晴暖的早晨。去势时间过早或过晚均不好，过早睾丸小，去势困难；过晚流血过多，或可发生早配现象。去势方法主要有以下几种。

1. 结扎法

当公羊1周龄时，将睾丸挤入阴囊，用橡皮筋或细线紧紧地结扎于阴囊的上部，断绝血液流通。经过15d左右，阴囊和睾丸干枯，便会自然脱落。去势后最初几天，对伤口要常检查，如遇红肿发炎现象要及时处理。同时要注意去势羔羊环境卫生，垫草要勤换，保持清洁干燥，防止伤口感染。

2. 去势钳法

用特制的去势钳在阴囊上部用力紧夹，将精索夹断，睾丸则会逐渐萎缩。此法无创口、无失血、无感染的危险。但经验不足者，往往不能把精索夹断，达不到去势的目的，经验不足者忌用。

3. 手术法

手术时常需两人配合，一人保定羊，使羊半蹲半仰，置于凳上或站立；一人用3%石炭酸或碘酒消毒，然后手术者一只手捏住阴囊上方，以防止睾丸缩回腹腔中，另一只手用消毒过的手术刀在阴囊侧面下方切开一个小口约为阴囊长度的1/3，以能挤出睾丸为度，切开后，把睾丸连同精索拉出撕断。一侧的睾丸摘除后，再用同样的方法摘除另一侧睾丸。也可把阴囊的纵隔切开，把另一侧的睾丸挤过来摘除，这样少开一个口，利于康复。睾丸摘除后，把阴囊的切口对齐，用消毒药水涂抹伤口并撒上消炎粉，过1~2d进行检查，如阴囊收缩，则为正常；如阴囊肿胀发炎，可挤出其中的血水，再涂抹消毒药水和消炎粉。

第五章　贵州黑山羊繁殖选育技术

第一节　贵州黑山羊繁殖生理

一、性机能发育

随着母羔羊的生长和发育到达一定的年龄时，生殖器官已经发育完全，具备了繁殖能力，称为性成熟。性成熟以后，就能配种繁殖，但此时身体的生长发育尚未成熟，故性成熟并非最适宜的配种年龄。母羊在自身相关激素的作用下，出现一系列的性行为表现，并在一定时间排卵，这就是发情。贵州黑山羊一般4~6月龄出现初次发情或排卵，即为初情期。6~8月龄时，生殖器官发育完全，具有繁殖后代的能力，称为性成熟。贵州黑山羊性成熟后，其生长发育仍在继续进行，经过一段时间之后，才能达到体成熟。在生产中，母羊一般在8~10月龄开始初配，开始配种时的体重以相当于成年羊体重的70%~80%为宜；体重过低时，应推迟初配年龄。公羊性发育稍微晚一些，在12月龄以后开始配种。实践证明，幼畜过早配种，不仅严重阻碍本身的生长发育，也严重影响后代的体质和生产性能。但是，初配年龄过迟，不仅影响其繁殖进程，延长繁殖周期，也会造成经济上的损失。因此，应提倡适时配种。在发育良好，并能保证较好的营养条件时，冬季2—3月产的母羔，可在当年秋后配种。公羊一般在1.5~2.5岁配种，但若生长发育好，1岁左右即可参加配种。

二、发情生理

母羊生长发育到一定阶段后，在垂体释放的促性腺激素作用下，卵巢上卵泡发育并分泌雌激素，引起生殖器官和性行为发生一系列的变化。母羊所处的这种生理状态称为发情。完整的发情应具有以下一些特征。

1. 行为变化

母羊发情时表现兴奋不安、主动寻找或接近公羊、常鸣叫、举尾拱背、尾巴不停扇动、愿意接受爬跨与交配，交配时静立不动。

2. 生殖道变化

外阴部充血、水肿、松软；阴道黏膜充血、潮红、子宫颈松弛、子宫腺体分泌黏液增多；发情前期黏液量少，逐渐增加，随之有稀薄透明的黏液流出，后期减少而浓稠。

3. 卵巢变化

发情开始之前，卵巢上卵泡逐渐开始生长，卵泡随发情而迅速发育，卵泡液增多，卵泡体积变大，卵泡壁变薄而凸起于卵巢表面，在激素等的作用下，成熟卵泡破裂致使卵子排出。

正常的发情应该具有上述 3 个方面的变化，如果山羊营养不良、饲养管理不当、气候条件异常或疾病等，常出现安静发情、短促发情、持续发情等异常发情现象。

三、发情周期

母羊出现第一次发情后，卵巢上出现周期性的卵泡发育和排卵，并伴随生殖器官及整个机体发生一系列周期性变化，这种变化周而复始一直到停止繁殖年龄为止，称为发情周期。贵州黑山羊的发情周期平均 19d（17~22d），持续期为 40h 左右（24~48h）。发情季节的初期和晚期，发情周期不正常的较多，在发情季节的旺季，发情周期最短，以后逐渐变长。营养水平低的发情周期较短，营养水平高的发情周期较长。羊的发情期长短还与年龄有关，当年出生的母羊较短，老年的较长。公母羊经常在一起混合放牧可缩短母羊的发情周期。处女羊发情持续时间较短，成年羊较长，配种季节的初期和末期较短，中期较长。配种受胎后，母羊则不再发情。母羊的发情周期可分为卵泡期和黄体期两个时期，或者发情前期、发情期、发情后期和间情期4个时期。发情期从有性欲表现到性欲旺盛，是发情周期性活动的高潮阶段；间情期也称为休情期或黄体期，此期母羊精神状态恢复正常，无性欲表现。发情前期、发情后期则是发情期前、后的过渡时期。贵州温差小、牧草丰富，虽然贵州黑山羊多为春秋季节发情，但大多数地方表现全年发情，一般母羊断奶后20d左右就会开始发情。因此，可以通过羔羊提前断奶实现两年三胎或一年两胎。此外，发情也与母山羊本身营养状况有密切关系，营养不良时，可能不发情或推迟发情。随着规模化舍饲养羊技术的发展，为了提高繁殖率和管理水平，可以利用外源激素诱导母羊同期发情。

四、排卵

在发情期，随着卵泡的发育和成熟，卵泡液不断增加，卵泡的体积越来越大，并突出于卵巢表面。由于卵泡内压的升高、激素的作用及卵泡平滑肌收缩等因素，致使卵泡破裂，卵泡液和卵子一起排出。排卵一般在发情开始以后30~36h。

贵州黑山羊为自发性排卵动物，一次发情可排卵1~3个，少数也能排卵4~5个。成熟卵泡排卵后，卵泡液排出，卵泡壁塌陷皱缩，从破裂的卵泡壁血管流出血液和淋巴液，并积聚在卵泡腔内形成红体。此后颗粒细胞在促黄体素的作用下增生肥大，并吸收称为黄素的类脂物质，变成黄体细胞，构成黄体。黄体是暂时性的内分器官。在发情周期中如果母羊没有妊娠，维持一时后退化，称其为周期性黄体，退化时间为12~14d。如果母羊妊娠，转变为妊娠黄体，此时黄体的体积稍增大。通常妊娠黄体一直维持结束前才退化。

五、发情评定

发情评定的目的是及时发现发情母羊，准确掌握配种或人工授精时间，防止误配漏配，提高受胎率。肉用母羊发情评定一般采用外部观察法、阴道检查法、试情法等方法。

1. 外部观察法

山羊发情表现明显，发情母羊神经兴奋不安、食欲减退、反刍停止、外阴部及阴道充血、肿胀、松弛、并有黏液排出，主动接近公羊，并在公羊爬跨或追逐时站立不动。

2. 阴道检查法

用开膣器来观察母羊阴道黏膜、分泌物和子宫颈口的变化来判断发情与否。发情母羊阴道黏膜充血、红色、表面光亮湿润、有透明黏液流出、子宫颈口充血、松弛、开张、有黏液流出。

3. 试情法

生产中较为常用的是公羊试情法。试情公羊必须体格健壮、无疾病、年龄2~5周岁。为防止偷配，可选用方法如下。一是用试情布兜住阴茎；二是切除或结扎输精管及输精管移位。试情公羊与母羊的比例以1∶(20~40）为宜。每日1次或早晚两次将试情公羊定时放入母羊群中，母羊在发情时就会寻找公羊或尾随公羊，只有当母羊站立不动并接受公羊的逗引及爬跨时，才算是确实发情。发现发情母羊时，应迅速将其分离，继续观察，以备配种。可以在试情公羊的胸部涂抹颜料，母羊发情后，公羊爬跨就会将颜料印于母羊臀部，有利人工识别。

第二节 配种时间和配种方法

一、配种时间

配种时间的确定，主要依据各地区、各饲养户的产羔时间和年产胎次的安排决定。年产1胎的母羊，有冬季产羔和春季产羔两种，产冬羔配种时间为8—9月，翌年1—2月产羔；产春羔配种时间为11—12月，翌年4—5月产羔；1年两产的母羊，可于4月初配种，当年9月初产羔，10月初第二次配种，翌年3月初产第二产；两年三产的母羊，第一年5月配种，10月产羔，第二年1月配种，6月产羔，9月配种，第三年2月产羔。

母羊发情后要适时配种才能提高受胎率和产羔率。确定母羊的配种或输精时间，主要是根据排卵时间和精子在母羊生殖道中的运行时间来决定的，贵州黑山羊排卵时间在发情开始后24~36h。成熟卵排出后，在输卵管中存活时间为4~8h。公羊精子在母羊生殖道内受精作用最旺盛的时间约为24h，为了使精子和卵子得到充分的结合机会，最好在排卵前数小时内配种，所以最适当的配种时间是发情后12~24h（发情中期）。提倡一次配种，但为更准确地把握受孕时机，可在第一次配种12h后，再进行1次重复配种。青年母羊配种宜早、经产羊宜晚一些。

二、配种方法

羊的配种方法可分为自由交配、人工辅助交配和人工授精3种，前两种又称为本交。

1. 自由交配

自由交配是最简单的、最原始的交配方式，即将公羊放入母羊群中，让其自然与母羊交配。该方法省工省事，适合小群和分散的群体，若公母比例适当［1∶(20~30)］，可获得较高的受胎率。其缺点是浪费种公羊，不能准确掌握母羊的配种时间，无法推算预产期，不能实施计划选配，消耗公羊体力，影响母羊抓膘，容易传染疾病。为了克服上述缺点，在非配种期将公母羊分群，配种期将适当比例的公羊放入母羊群。每2~3年，群与群间有计划地交换公羊，更新血统。

2. 人工辅助交配

是人为地控制，将公母羊分群隔离放牧，在配种期内，用公羊试情，有计划地安排公母羊配种。这种方法不仅可以提高种公羊的利用率（一般每只公羊可配 60~70 只母羊），延长利用年限，而且可以有计划地进行选配，提高后代质量。

3. 人工授精

用器械采取公羊的精液，经过精液品质检查等一系列处理，再将精液输入到发情母羊生殖道内。人工授精可以提高优秀种公羊的利用率，是本交与配母羊数的 10 倍（每只公羊可配 300~500 只母羊），并且可大量节省种公羊的饲养费用，加速羊群的遗传进展，防止疾病传播。

（1）采精。采精前，应做好各项准备工作，如人工授精器械的准备，种公羊的准备和调教，与配母羊的准备，做好选配计划等。采精前应选好台羊，台羊的选择应与采精公羊的体格大小相适应，且发情明显。

种公羊的精液用假阴道采取。安装假阴道时，注意内胎不要出褶，安装好后用 75%酒精棉球消毒，再用生理盐水冲洗数次。采精前的假阴道内胎应保持有一定的压力、湿度和滑润度。为使假阴道保持一定的温度，应从假阴道外壳活塞处灌入 150mL 50~55℃的温水，然后拧紧活塞，调节好假阴道内温度为 40~42℃。为保证一定的滑润度，用灭菌后的清洁玻璃棒蘸少许灭菌凡士林均匀抹在内胎的前 1/3 处，也可用生理盐水冲洗，保持滑润。通过通气门活塞吹入气体，使假阴道保持一定的松紧度，使内胎的内表面保持三角形合拢而不向外鼓出为适度。

采精操作是将台羊保定后，引公羊到台羊处，采精人员蹲在母羊右后方，右手握假阴道，贴靠在母羊尾部，入口朝下，与地面呈 30°~45°，公羊爬跨时，轻快地将阴茎导入假阴道内，保持假阴道与阴茎呈一直线。当公羊用力向前一冲即为射精，此时操作人员应随同公羊跳下母羊背时将假阴道紧贴包皮退出，并迅速将集精瓶口向上，稍停，放出气体，取下集精瓶。采精过程中，不允许大声喧闹，不允许太多人围观；更不允许吸烟，不允许打羊，动作要稳、迅速、安全。采精次数一般每天1次，每周不超过5次。采精期间必须给公羊加精料补充营养，加强运动，保持充沛体力。另外，采精期间不宜用药过多，如有病应停止采精，治愈后再采精。

(2) 精液的品质检查。精液品质和受胎率有直接关系，必须经过检查与评定方可输精。主要检查色泽、气味、射精量、活力、密度。

(3) 精液稀释。稀释精液的目的在于扩大精液量，提高精子活力，延长精子存活时间。常见稀释液有以下几种。

生理盐水稀释液：用注射用的0.9%生理盐水或用经过灭菌消毒的0.9%氯化钠溶液。此种方法简单易行，但稀释倍数不宜超过两倍。

葡萄糖卵黄稀释液：100mL蒸馏水中加入葡萄糖3g，柠檬酸钠1.4g，溶解过滤后灭菌冷却至30℃，加新鲜卵黄20mL，充分混合。

牛奶（或羊奶）稀释液：用新鲜牛奶（或羊奶）以脱脂纱布过滤，蒸气灭菌15min，冷却至30℃，吸取中间奶液可作稀释液。

上述稀释液中，每毫升稀释液应加入500国际单位青霉素和链霉素，调整溶液pH值=7后使用，稀释时应在25~30℃温度下进行。

(4) 精液保存。

常温（18~25℃）保存：精液稀释后，通过酸抑制精子的代谢活动来实现，用此种方法只能保存1~2d。

低温（2~5℃）保存：将稀释精液由30℃降至2~5℃，保存到输精时为止，温度维持不变。

冷冻（-196℃）保存：家畜精液的冷冻保存是人工授精技术的一项重大革新，冷冻保存精液可以长期利用。冷冻方法有液氮法和干冰法两种。

(5) 输精。

输精前的准备：输精前所有的器材要消毒灭菌，输精器和开膣器最好蒸煮或在高温干燥箱内消毒。输精器以每只羊准备1支为宜，若输精器不足，可在每次使用完后用蒸馏水棉球擦净外壁，再以酒精棉球擦洗，待酒精挥发后再用生理盐水冲洗 3~5 次，才能使用。连续输精时，每输完 1 只羊后，输精器外壁用生理盐水棉球擦净，便可继续使用。输精人员应穿工作服，手指甲剪短磨光，手洗净擦干，用 75%酒精消毒，再用生理盐水冲洗。

把待输精母羊赶入输精室，如没有输精室，可在一块平坦的地方进行。应设输精架，若没有，可采用横杠式输精架。在地面上埋两根木桩，相距 1m 宽，绑上一根 5~7cm 粗的圆木，距地面约 70cm，将待输配母羊的两后腿担在横杠上悬空，前肢着地，1 次可同时放 3~5 只羊，输精时比较方便。另一种简便的方法是由一人保定母羊，使母羊自然站立在地面上，输精员蹲在输精坑内；还可以由两人抬起母羊后肢保定，高度以输精员能较方便找到子宫颈口为宜。

输精： 输精前将母羊外阴部用来苏儿溶液擦洗消毒，再用清水冲洗擦干净，或用生理盐水棉球擦洗。输精人员将用生理盐水湿润过的开膣器闭合按阴门的形状慢慢插入，之后轻轻转动 90°，打开开膣器。如在暗处输精，要用额灯或手电筒光源寻找子宫颈口，子宫颈口的位置不一定正对阴道，子宫颈在阴道内呈现一小凸起，发情时充血，较阴道壁膜的颜色深，容易找到；如找不到，可活动开膣器的位置，或改变母羊后肢的位置。输精时，将输精器慢慢插入子宫颈口内 0.5~1cm，将所需的精液量注入子宫颈口内。输精量应保持在有效精子数 7 500 万个以上，即原精液量 0.05~0.1mL。有时处女羊阴道狭窄，开膣器无法充分展开，找不到子宫颈口，这时可采用阴道输精，但精液量至少要提高 1 倍，为提高受胎率，每只羊 1 个发情期内至少输精两次，每次间隔 8~12h。

输精的关键是严格遵守操作规程，操作要细致，子宫颈口要对准，精液量要足，输精后要登记，按照输精先后组群，加强饲养管理，以便于增膘保胎。

第三节　受精与妊娠分娩

一、受精与胚胎早期发育

发情后流出的卵子与精子在输卵管壶腹部相遇以后受精。受精部形成合子后，接着进行细胞分裂，细胞数目成倍增加。随着细胞增多，每个细胞的体积越来越小，并在细胞团中央形成一个充满液体的小腔，小腔逐步扩大形成囊胚。在开始形成囊胚时外面仍有透明带，以后体积增大，透明带崩解，囊胚迅速迅速发育，形成了泡状透明的胚泡。胚泡继续发育，细胞形两个都分，一部分在囊胚腔的一端集聚成团，将发育成为胚体，另一部分构成胚泡壁，覆盖上述部分，成为胚泡的外膜，将形成胎膜和胎儿胎盘。初期的胚泡在子宫内呈离状态，以后胚泡变大，泡内体液增多，胚泡在子宫内的活动受到限制，逐渐着床在子宫黏膜上。

二、胎膜和胎盘

胎膜是胎儿的附属膜，是胎儿自体以外包被着胎儿的几层膜的总称。胎盘是一个暂时性的器官，胎儿通过胎盘与母体交换养分、气体及代谢产物。胎盘是一个功能复杂的器官，具有运输物质、合成分解代谢、分泌激素及免疫等。

1. 胎膜

胎膜共有 4 种，即卵黄膜、羊膜、尿膜和绒毛膜。卵黄膜在胚胎早期起重要作用，待尿膜成熟后，卵黄膜逐渐退化，仅在脐带中留有残迹。羊膜构成羊膜囊，内充羊水，胎儿漂浮在羊水中。尿膜构成尿囊，内充尿液。绒毛膜包裹在整个羊膜囊和尿囊的外面，同子宫内膜相毗邻。上述 3 种胎膜发育成熟后，相邻膜之间彼此愈合，构成复合胎膜，即尿膜绒毛膜、尿膜羊膜、羊膜绒毛膜。尿膜绒毛膜上有大量的血管分布，分别汇集到脐动脉和脐静脉，通过脐带进入胎体。

脐带是胎儿同膜、胎盘联系的渠道，脐带的外膜来源于羊膜，其中有脐动脉 2 条、脐静脉 2 条、脐尿管 10 条。

2. 胎盘

胎盘是指由尿膜绒毛膜和子宫黏膜发生联系所形成的构造。其中尿膜绒毛膜部分称胎儿胎盘，子宫黏膜部分称为母体胎盘。贵州黑山羊的胎盘为子叶型胎盘，集中在线毛膜表面的某些部位，形成许多绒毛丛，呈盘状或杯状凸起，即胎儿子叶。胎儿子叶与母体子宫内膜的特殊突出物即子宫阜（母体子叶）融合在一起形成胎盘。贵州黑山羊的子宫阜是凹陷的。胎儿子叶上的许多线毛嵌入母体子叶的许多凹陷的腺窝中。羊的子宫阜数目为 90~100 个，平均分布在妊娠和未妊娠子宫角内。

三、妊娠与分娩

（一）妊娠

妊娠是指自受精开始到胎儿发育成熟后与其附属膜共同排出前，母体所经历的复杂生理过程。当母羊排出的卵受精后，在妊娠初期，附植的胚胎即孕体能产生信号，传感给母体，母体随即产生一定反应，从而识别胎儿的存在。由此，孕体和母体之间建立起密切的联系。母体即进入了妊娠期。

1. 妊娠期

妊娠期是指受精后到分娩当天之间新生命在母体内生存的阶段。通常以最后一次配种或输精的那一天开始算起，到分娩为止。贵州黑山羊的妊娠期平均为 150d。妊娠期的长短受多种因素影响，如年龄、胎次、营养，以及胎儿数目、性别及环境条件等。

2. 妊娠诊断

母羊妊娠后一般表现为周期发情停止、食欲增进、体况改善、毛色润泽、性情变得温顺、行为谨慎安稳，3~4 个月时腹围增大，羊的右侧比左侧突出，乳房胀大。妊娠诊断通常采用直接触诊胎儿或胎盘，检查时，两腿夹住颈部保定，用双手紧贴下腹壁，以左手在右侧腹壁前后滑动，触摸是否有块，有时可摸到胎儿或子叶，确诊为妊娠。还可采用直肠腹壁诊断法，据试验检查60d的孕羊，准确率可达95%。85d以后为100%，但需注意防止对直肠的损伤。已配种115d以后的母羊要慎用。超声波诊断法，B超诊断妊娠的时间较早，羊只需简单的保定，花时间少，准确、安全。

（二）分娩

分娩前期。分娩是指母羊经过一段时间妊娠后，将胎儿、胎膜以及其他附属物一起排出体外的生理过程。随着胎儿发育的成熟和分娩期的临近，母羊的生殖器官与骨盆部都发生一系列的变化，以适应排出胎儿和哺育羔羊的需要。分娩前乳房迅速发育、腺体充实、膨胀增大，有的还出现水肿，从母羊乳头中挤出少量清亮胶状液体或少量初乳，乳头增大变粗。分娩前数天，阴唇逐渐变松软、肿胀、体积增大，皮肤展平并充血变红，液体从阴道流出，骨盆带在临产前开始变得松软，荐坐韧带软化，荐骨后端的活动性增大，尾根两侧下陷，产前精神抑郁，不安地来回走动，回顾腹部，时起时卧，哞叫。母羊的整个分娩过程从子宫肌和腹肌出现阵缩开始，至胎儿和附属物排出为止。整个分娩是一个有机联系的完整过程，但一般将其分为3个阶段：子宫颈开口期，从有规律地阵缩开始到子宫颈口完全开张。阵缩由子宫向子宫颈发生波状收缩，使胎儿和胎水向子宫颈移动，并逐渐使胎儿的前肢和头部先进入子宫颈和阴道。在开口末期，胎膜囊有时外露于阴门外，这一时段持续时间3~8h。

胎儿产出期。子宫颈充分开张至胎儿全部排出为止，这时阵缩和努责同时作用。在产出期到来之前，胎儿的前置部分已楔入产道，由于阵缩和努责同时作用，终将胎儿排出，这一时期山羊为6~7h。

胎衣排出期。胎儿排出之后，母羊就开始安静下来，几分钟后再次出现轻微的阵缩和努责。羊为子叶型胎盘，只有当母体胎盘组织的张力减轻时，胎儿胎盘的线毛才能脱落下来，这一时段需要0.5~2h。

四、接产

通常，母羊会自然产出胎儿，助产人员需监视母羊的分娩情况并进行护理。在一般情况下，正常分娩的母羊在羊膜破裂 30min 左右会顺利产出羔羊。正常生产的羔羊先是两前肢分娩出，然后头部出来，伴随着母羊努责，也顺利产出。当母羊产双羔时，第二只羔羊在间隔 10~30min 产出。若母羊产出 1 只羔羊后，仍伴随努责和阵痛，即为产双羔的征兆，要认真检查准备。

羔羊出生后，应该先将其口腔、鼻孔及耳朵内的黏液擦净，以防羔羊吞入造成其窒息或引起异物性肺炎。出生羔羊身上的黏液要让母羊尽早舔干，如果母羊不舔，可在羔羊身上撒些麸皮放到母羊嘴边，让其舔净，既能促进新生羔羊的血液循环，又有助于母羊认羔。羔羊出生后通常会自己扯断脐带，然后用 5%的碘酒进行消毒；若羔羊不能自行将脐带扯断，则接产人员要将羔羊脐带内的血向其挤压几次，然后再剪断脐带，长度以 3~4cm 为好，并消毒处理。

在正常情况下，母羊舔完羔羊身体上的黏液后，羔羊就能摇摇晃晃地站起来找奶吃。羔羊出生后，胎衣在 2~3h 内自然排出，要将胎衣及时取走，不要让母羊吃掉，以免感染疾病。胎衣超过 4h 不排出时，就要采取治疗措施。如在寒冷季节，要做好产房的保暖防风工作，可在房内加温以防止羔羊感冒。如在炎热夏季产羔，要做好防暑通风工作，打开产房门窗散热通风，但不要把羔羊放在阴凉潮湿处。有些羔羊出生后不会吃奶，应把羊奶挤在指尖上，然后将有乳汁的手指放在羔羊嘴内让其学习吸吮，随后移动羔羊到母羊乳头上，以吸吮母乳。

五、产后护理

母羊从妊娠到产后，生殖器官发生很大的变化。在排出胎儿过程中，产道黏膜有可能发生损伤，分娩后子宫内沉积大量恶露，这些都为病原微生物侵入和繁殖创造了条件，降低了母羊的抗病力。为使母羊尽快恢复正常，提高抗病力，产后要给予品质好、易消化的饲料。在产后对外阴部周围、尾根黏附的恶露、血块进行清洗、消毒，并防止蚊蝇叮咬；褥草要经常更换，保持清洁、干燥。如有胎衣不下、阴道或子宫脱出、乳房炎等病症，应及时诊治。

新生羔羊断脐后，一般1周左右脱落，在脐带干缩脱落前后，要注意观察脐带的变化情况。遇有滴血流尿现象，要及时进行结扎。新生羔羊胃肠系统的分泌机能和消化机能不够健全，而新陈代谢又很旺盛，所以在出生30min内，一定要吮饱初乳。

第四节　提高繁殖率的技术措施

一、加强选育及选配

1. 种公羊的选择

种公羊要选择体形外貌健壮、睾丸发育良好、雄性特征明显，尽量选择产双羔或多羔的母羊后代作种用。应经常检查精液品质，及时发现并剔出不符合要求的公羊。

2. 母羊的选择

母羊的繁殖率随年龄的增加而增长，并且能够遗传影响下一代。选择母羊应从多胎的母羊后代中选择优秀个体，据姚树清等（1992）报道：初产为单胎的母羊，随后3产平均每产获羔羊数1.33只、1.31只、1.4只，而初产为双羔的母羊，其产羔数分别为1.73只、1.71只、1.88只。注意母羊的泌乳、哺乳性能。提高适龄母羊在羊群中的比例，及早淘汰不孕母羊，保证羊群的正常繁殖生理机能。

3. 选配

正确选配是提高繁殖率的重要技术措施。选用双羔公羊配双羔母羊，所产的多胎公母羔羊经过选择培育作种用。

二、培育早熟多胎肉用品种

利用我国引入的多胎肉用品种与当地的多胎品种杂交，培育出母羊性成熟早、全年发情、产羔率高、泌乳性能强、母性好、育羔率强、抗病力强、公羊生长速度快、饲料利用率高、适应性强、胴体品质好，而且公母羊遗传性能稳定的早熟多胎肉用品种。

三、充分利用杂交优势

引进多胎品种，用多胎品种与当地品种杂交，是提高繁殖率最快、最有效、最简便的方法。如引入努比亚、简阳大耳羊等优秀肉用多胎品种种公羊，与贵州省贵州黑山羊、黔北麻羊等进行杂交，其杂交后代的肉用性能明显，生长发育速度大大加快，肉用性能显著提高，达到较高产肉水平。

四、开发应用繁殖调控技术

1. 诱发发情

在母羊乏情期内，借用外源激素引起正常发情并进行配种，缩短母羊的繁殖周期，提高繁殖率。其方法有羔羊早期断奶、激素处理及生物学处理等。

2. 羔羊早期断奶

实质是缩短母羊的哺乳期，使母羊提早发情，但早期断奶要求羔羊的培育条件较高，必须解决人工乳及人工育羔等方面的技术问题。

3. 激素和生物学处理

激素处理可消除季节性休情，使母羊全年发情配种。具体方法是：先实行羔羊早期断奶，再用孕激素处理母羊 10d 左右，停药后注射孕马血清促性腺激素（PMSG），即可引起发情、排卵；生物学处理包括环境条件的改变及性激素。环境条件的改变主要调节光照周期，使白昼缩短，达到发情排卵的目的；性激素是在正常配种季节之前，把公母羊混群，使配种季节提前，缩短产后至排卵配种的时间，以达到提高母羊繁殖率的目的。

4. 同期发情

用外源激素或其他类药物对母羊进行处理，暂时改变其自然发情周期的规律，人为地把发情周期的进程控制并调整到相同阶段，以合理组织配种，使产羔、育肥等过程一致，来加快肉羊生产，提高繁殖率。一是延长母羊发情周期，为以后引起同期发情准备条件。用孕激素处理母羊，抑制卵泡的生长发育，经过一定时间同时停药，随之引起同期发情。二是缩短发情周期，促使母羊提早发情。利用与上述性质完全不同的激素，抑制黄体，加速消退，降低孕酮水平，促进垂体促性腺激素的释放，引起发情。方法一：将浸有孕激素的海绵置于子宫颈外口处，处理10~14d后取出，当天肌内注射孕马血清促性腺激素400~500国际单位，一般30h左右即有发情表现，发情当天和次日各输精1次或与公羊自然交配。常用孕激素的种类和剂量为：孕酮150~300mg，甲孕酮50~70mg，甲地孕酮80~150mg，18甲基-炔诺酮30~40mg，氟孕酮20~40mg。方法二：每日将一定数量的药物均匀拌入饲料，连续喂12~14d，药物用量约为阴道海绵法的1/10~1/5；最后一次口服药的当天，肌注孕马血清促性腺激素400~750国际单位。方法三：将前列腺素FG2α或其类似物，在发情结束数日后，向子宫内灌注或肌注一定量，能在2~3d内引起母羊发情。以上处理适合大群饲养。

5. 超数排卵

超数排卵可扩大优秀种羊的利用率，提高群体的生产力。方法是在母羊发情周期的适当时间，注射促性腺激素，使卵巢比正常情况下有较多卵泡发育成熟并排卵，经过处理的母羊可1次排卵几个甚至十几个。

6. 控制光照及温度

由于光照的缩短和温度的降低可促进性腺活动，人们就利用控制光照的方法来改变母羊的季节性活动。美国科学家深德泊格在春季将公羊隔离后，限制光照10周以上，再把公羊放入母羊群中，结果比对照组公羊所配的母羊多产羔羊 2.5 倍。又有饲养试验证明，母羊在赤道光照条件下饲养 1 年，可使季节性发情母羊的季节性活动消失，发情时间分散，1 年中任何一个月份都可以发情配种。在夏季将光照和温度控制在与 10 月份相似的条件下，能显著提高母羊的繁殖率。

7. 促使母羊产双胎、多胎

常用的促进母羊多胎的技术措施主要如下。

（1）补饲法。在配种前 1 个月改进日粮，特别提高蛋白质水平，催情补饲，提高母羊发情率，增加排卵数，诱使母羊产双胎甚至多胎。

（2）双羔素。目前国内生产的双羔素主要有 TIT、XJC－A、南双、沪双 3 和沪双 17 等。使用方法是：免疫双羔素在使用时需免疫两次。第一次配种前 42d 左右，第二次配种前 21d 左右。并一定按说明严格掌握使用剂量。注射部位应选择后海穴，注射时刺入角度应与直肠平行略向上方，深度 0.5～1cm。免疫后母羊会出现短期的食欲减退、采食下降等症状，3～5d 即可恢复正常。

（3）孕马血清促性腺激素。在发情周期第十二天或第十三天，皮下注射孕马血清激素 600～1 100 国际单位。由于不同品种间对激素的敏感反应差异较大，实际使用时，应针对使用对象进行小群预试，然后确定剂量。本法配合使用抗孕马血清促性腺激素效果更好。

第五节　贵州黑山羊选育技术

贵州黑山羊为贵州生态肉羊产业主导品种，存栏数量最多（约 285 万）、分布最广（全省均有分布）、市场认可度最高。但良种化程度依然不高、重杂交、轻选育、近交衰退严重、良莠不齐，出现了严重无序杂交的后果，甚至威胁到地方品种资源的保护。但总体而言，贵州黑山羊需要从纯种繁育和杂交改良两个方面开展工作，以推进该产业的持续健康发展。

一、纯种选育

纯种繁育也称纯种选育或本品种选育，主要用于高水平的育成品种，具有保种和利用价值的地方良种和新育成的改良品种的巩固提高。在品种或种群内，按照加性遗传效应进行选种，并在种羊间进行有计划的选配，保持和发展一个品种的优良特性，克服品种的某些缺点，以提高品种总体水平。“十二五”以来，贵州在威宁、赫章、盘县、金沙和龙里等县建立贵州黑山羊配种点168个，辐射、带动良种改良地方母羊57.66万只。

二、杂交改良

杂交是指两个或两个以上不同品种个体间的交配。杂交能使群体各对等位基因的杂合性增加。杂交方法的广泛应用，有利于引进新的有益基因，改良现有品种的某些性状；同时，可汇合多个品种的有益基因培育新品种。但是，杂交存在着不利的一面，往往也引入了有害基因，产生不良的性状。因此，在杂交过程中必须要结合严格的选择进行选育选配，而非盲目地乱交乱配。近年来，贵州引进了努比亚、简阳大耳羊、波尔山羊等良种，对贵州黑山羊进行杂交改良，取得了一定的改良效果。

三、杂种优势

杂种优势是生物界普遍存在的现象，是指当无亲缘关系的两个品种或品系间交配时，其后代的耐受性、生活力、生长势、生长速度、生产量等性状表现出比双亲优胜的现象。在畜牧业生产中，利用杂交获得杂种优势已成为增加产品产量和提高品质的重要措施之一。常用的杂交方法包括级进杂交、育成杂交、经济杂交和引入杂交等。

1. 级进杂交

级进杂交也称吸收杂交或改造杂交，即以优良品种（如黑色努比亚）公羊与贵州黑山羊母羊及各代杂种母羊交配，一代一代地杂交下去，使后代性能接近优良品种的生产性能。例如，用黑色努比亚公羊与贵州黑山羊的母羊进行交配，杂交后代中的公羔育肥后上市，母羔经选择后留种，继续与黑色努比亚公羊进行交配。级进杂交使得后代中黑色努比亚的血缘比例越来越高，是提高贵州黑山羊生产性能的一种有效方法。连续杂交多代后，在外形、毛色等也已基本接近于黑色努比亚。级进杂交的另一个优点是其后代比引入品种更能适应当地环境条件。

当前，贵州省畜牧兽医研究所正在开展贵州黑山羊与黑色努比亚级进杂交工作，结合严格的选留种标准，希望通过多年持续工作，能培育出适应本地条件的新品系（种）。

2. 育成杂交

充分利用贵州黑山羊耐粗饲、肉质好、早熟、母性好、适应性强等特点，以贵州黑山羊作母本，选择努比亚、简阳大耳羊等肉用性能好、生长速度快、体型大的山羊品种作父本，采用多元配套思路开展育成杂交，是有效提升贵州黑山羊的产肉性能、日增重、繁殖率，培育新品种的路线之一。但应用育成杂交培育新品种是一项复杂而又漫长的过程，往往需要一代甚至几代人的不懈努力才能完成。利用育成杂交种育贵州黑山羊新品，要经历 3 个阶段，即杂交创新阶段、横交固定阶段和发展提高阶段，这 3 个阶段不能截然分开，需要交错进行。即前一阶段的工作为后一阶段的工作准备条件，这样才能加快育种进程，提高育种工作效率。

（1）杂交创新阶段。

在杂交创新阶段，强调整顿羊群、按品质分群、优质优饲。随着杂交改良的不断深入，必将有各种不同类型的优质杂种大量涌现，在注意羊群整体品质时，更重要的是要发现遗传上优秀的个体，当出现理想型个体时，可采用通交转入自群繁育，为横交打好基础。

（2）横交固定阶段。

横交固定阶段又称自群繁育阶段，就是对各类杂种羊进行定向选择和定向培育，使达到理想型的公母羊自群繁育。

(3) 发展提高阶段。

本阶段为将选育群体的生产性能进行进一步的发展提高，促进稳定遗传。

第六节 贵州黑山羊的选配方法

一、选配的作用

选配是指交配时给母羊或公羊选择合适的配偶，以求将双亲的优良遗传性状结合到后代个体中，得到比较理想的后代，从而达到育种或提高生产力的目的。选种的生产实践表明，优秀的公母个体间的结合，并不能保证后代是优秀的。因为后代的优劣，不仅取决于双亲的遗传素质，同时也取决于双亲基因结合后形成的基因型是否合适。因此，要获得理想的后代，作好选配工作尤为重要。从育种学的角度看，选种和选配是获得理想繁育成果的两个并行的重要方面，是相互依存、互为因果、互相促进的两个繁育阶段，选种可提高有利基因在群体中的频率，而选配则可以创造新的有利基因型，提高有利基因型的频率。基因型是性状表现的基础，因此，选种的效果必须通过选配才能实现。合理的选配，使羊群内优秀个体比例增加，又为下一代的选种提供更丰富的素材。如果羊群很小，只有 1 头公羊，就谈不上选配。如果公母羊混群养，强壮的公羊配种机会较多，留下较多的后代，其结果可能使羊群更适应自然环境，但生产力不一定能提高。

选配的作用在于巩固选种效果，使亲代的固有优良性状稳定地传给下一代，将分在双亲上的不同优良性状结合起来，将优良性状积累起来传给下一代，对不良性状、缺陷性状给予削弱或淘汰。在选种上，根据留种母羊的特点，为其选择恰当的公羊与之配种。因此，选配是选种的继续，是两个相互联系、不可分割的重要环节，是选育提高群体品质的基本方法。

二、选配的原则

1. 公羊等级优于母羊

为母羊选配公羊时，在综合品质和等级方面，公羊等级应优于母羊。

2. 公羊优点弥补母羊缺点

为具有某些方面缺点和不足的母羊选配公羊时，需选择在这方面有突出优点的公羊与之配种。

3. 不宜用亲缘选配

采用亲缘选配时应当特别谨慎，切忌滥用。

4. 及时总结选配效果

对选配效果良好的方案，可按原方案再次进行选配；反之则应及时修正选配方案，另选公羊。

三、选配的类型

选配可分为表型选配和亲缘选配，表型选配是根据个体自身的表型品质的依据选配，亲缘选配则是依血缘程度进行选配。

1. 表型选配

表型选配又称品质选配，分为同质选配和异质选配。同质选配是选择性状相近、性能表现一致的优秀公母羊交配，使双方的优良性状遗传给后代，以便使相同的特点在后代得以巩固和继续提高。异质选配是性状不一致的个体进行交配，以改良某一方面的性状，或将不同优良性状的公母羊交配，期望将双亲不同的优良性状结合于后代一身。当得到兼有父母优点的后代后，可转入同质选，以巩固选配效果，即为结合性的异质选配。将同一性状表现优劣不同的公母羊相配，以期达到用一方优良特性改良另一方的缺点，使后代这一特性得到改进和提高。一般在选配时，都是选用有优良特性的公羊与表现一般或不足的母羊交配，以实现改良的目的，即为改良性的异质选配。任何一种选配方法，都应坚持实施一定世代，才能获得长期性的累积效果。一次性的选配所获得的改进，都面临着不久就会消失的可能。

2. 亲缘选配

根据交配双方亲缘关系来决定的选配组合称为亲缘选配。如果交配双方有较近的亲缘关系，称为近亲交配，简称近交，其所生后代的近交系数在 0.78 以上。交配双方无亲缘关系时，称为非亲缘交配，简称远交。因近交有可能引起繁殖率下降、生活力下降、对环境耐受力差、体质变弱、生产性能降低等“近交衰退”现象，因此在选配时，首先避免近交。但近交也有较多的优点，一是可使基因纯化，可以通过近交来固定一些优良性状，有一定近交的种羊，可以表现出良好的生产性能和体型外貌，而且优良的性状可以稳定并传给后代；二是保持优良个体的血缘，近交能将优秀祖代的血统在羊群中长期保持一定水平；三是暴露有害基因，有害基因大多是隐性的，在近交时，由于基因趋于纯合，有害基因暴露的机会增多，借此可通过表型选择将不良个体淘汰，使有害基因在羊群中的频率降低；四是提高羊的同质性，近交能使基因纯合，经过近交的羊群，后代中出现基因型的分化现象，不同类型的纯合体，再经严格的选择，就可以得到同质的羊群。因此，在横交固定阶段，近交是必然的过程，但需制订科学的方案预防“近交衰退”现象的发生。

第六章　优质羔羊培育

第一节　羔羊培育意义及早期断奶对消化道的影响

一、贵州黑山羊羔羊早期断奶的必要性

目前，国际上已将早期断奶作为对羔羊培育的主要生产模式。主要有两种方式：一是出生后 7 日龄断奶，使羔羊吃足母乳后即与母羊分开，哺喂代乳粉日粮，进行人工育养；二是在 6~7 周龄，当羔羊胃肠道容积和微生物菌群发育完全，接近至成年羊水平时断奶，断奶后直接放牧或饲喂植物性饲料。澳大利亚多数地区推行 6~10 周龄断奶，在干旱季节牧草枯萎时，羔羊在 4 周龄时就断奶；保加利亚在羔羊生后 25~30 日龄断奶；法国在羔羊活重比初生重大两倍时断奶；英国则认为羔羊活体重达 11~12kg 就可以断奶；而我国的羔羊断奶时间因品种、地区、饲养方式不同而有所差异。

贵州黑山羊传统养殖中，羔羊断奶多采用传统方式，即母乳喂养至 3~4 月龄断奶。这种方式延长了母羊配种周期，降低了繁殖利用率，因多胎或母羊产奶量不足，母乳不能满足羔羊快速生长发育的营养需要，从而影响羔羊的生长发育等。母乳喂养至 3~4 月龄断奶存在以下缺点。

（1）羔羊和母羊同圈饲养，由于母羊产羔后，要哺乳仔羊，因此其体力无法得到恢复，延长了配种周期，降低了繁殖利用率。

（2）母羊产羔后，2~4 周达泌乳高峰，3 周内泌乳量相当于全期总泌乳量的 75%，此后泌乳量明显下降。因此 10 日龄后母羊分泌的

母乳营养成分已不能满足羔羊快速生长发育的营养需要，虽然此时已开始补饲，但由于采食饲料数量少，消化能力弱，补料所含营养物质占总量的份额较小，因此羔羊的发育受到影响，增重受到限制。

(3) 羔羊哺乳期长，劳动强度大，而且培养成本高。

(4) 羔羊瘤胃和消化道发育迟缓，断奶过渡期长，影响了断奶后的育肥。

(5) 难以正确掌握各种营养的需要量和摄取量，难以配制适合羔羊的开口料。

(6) 难以适应当前规模化、集约化经营的发展趋势，达不到全进全出的生产要求。而实施早期断奶则可克服这些缺点，运用现代科学的饲养知识来调配饲料，使羔羊的生长发育达到最佳状态。

总之，母乳喂养至3~4月龄断奶方式，存在难以适应贵州黑山羊产业高质量发展的需求；难以管理和控制断奶羔羊，不利于对羔羊的营养调控；难以保证整个羔羊群体采食到适合自身生长水平的开口料，同时，又打乱了羔羊瘤胃及消化道各部位消化代谢的动态平衡。

要提高贵州黑山羊生产力，需充分利用母羊常年发情特性，促进母羊多产多胎，在多胎的基础上达到1年2胎或2年3胎，这就要求实施羔羊培育技术。在前期生产实践中，由于一胎多产、母羊状况不良等原因，都将直接影响羔羊的成活、生长、发育和健康。为解决这一问题，需要引进羔羊代乳粉饲养，并推行贵州黑山羊早期断奶，即在补饲代乳粉的基础上，实现25~30d断奶。对贵州黑山羊实施早期断奶具有以下益处。

(1) 大大缩短母羊的繁殖周期，减少母羊空怀时间。羔羊早期断奶，可用代乳料进行后期培育或用优质开口料进行强度育肥。此时，母羊可以减少体内消耗，迅速恢复体力，为下轮配种做好准备，可大大提高母羊的利用率。实施早期断奶后的贵州黑山羊，完全可提高到两年三胎。

(2) 可缩短生产周期。羔羊早期断奶后，可进行强度育肥至12

月龄左右屠宰，而常规饲养的贵州黑山羊生产 1 只羯羊需 2~3 年，有的甚至 4~5 年，母羊年繁殖率低于 200%，达到 35~40kg 的出栏体重需要 1.5 年左右的时间，养殖周期长，养殖的比较效益低。实施早期断奶后，可使育肥生产周期缩短半年以上，加快了畜群的周转。

（3）哺乳期缩短。减轻了劳动强度，降低了培育成本。目前，贵州黑山羊养殖业存在着羔羊哺乳期长、培育成本高等问题，而羔羊早期断奶能有效解决这一关键性问题。

（4）适合贵州黑山羊生产模式。年出栏 50~100 只的家庭牧场模式，是贵州黑山羊主要的生产模式，羔羊早期断奶符合这一主要模式需求。

（5）羔羊早期断奶，使羔羊较早地采食了开口料等植物性饲料，能够促进羔羊消化器官特别是瘤胃的发育，促进了羔羊提早采食饲草料的能力，提高了羔羊在后期培育中的采食量和粗饲料的利用率，同时可以建立起羔羊瘤胃内消化代谢的动态平衡。

（6）早期断奶后，用代乳粉饲喂羔羊，不但可以大大缩短羊的繁殖周期，而且其营养全面，能满足羔羊的生长发育，还能降低常见病的发病率，从而提高羔羊成活率。

因此，实施贵州黑山羊羔羊早期断奶技术，给羔羊配制营养全面且易于吸收的羔羊代乳粉，对促进贵州黑山羊养殖业高质量发展具有重要的意义。

二、早期断奶对消化系统发育的影响

幼畜无论断奶时间早晚，都会产生一定程度的应激，在相同的营养水平下，断奶日龄越早，所产生的应激越大。羊在刚出生时，消化系统没有发育完善，和单胃动物仔猪几乎相似，初生羔羊瘤胃缺乏微生物，出生后 2 日龄内皱胃黏膜内凝乳酶增加，6 周龄时开始下降。羔羊早期发育所需营养全部来自母乳，当给羔羊断奶时，瘤胃、网胃、瓣胃发育缓慢，消化道酶活性受到抑制，对后期采食的植物性饲料消化率很低，但羔羊有很大的补偿生长和发育能力，可以在 30 日龄后迅速适应环境，增加对食物的消化和代谢能力。

羔羊瘤胃的发育受多因素影响，如日龄、饲料形态、饲料组成、瘤胃食糜 pH 及瘤胃微生物等，这些因素相互作用，共同影响瘤胃的生长发育。在瘤胃发育的影响因素中，饲料组成及其物理形态是外因，瘤胃食糜 pH 是内因，挥发性脂肪酸（VFA）的组成比例不同是直接原因，而瘤胃微生物变化是根本原因。羔羊出生后，即从母体和外界环境条件中接触各种微生物，随着幼畜的生长和消化道的发育，形成了特定的微生物区系。哺乳期羔羊的瘤胃、网胃功能还处于不完善状态，此时羔羊胃容积小，瘤胃微生物区系尚未建立，不能发挥瘤胃应有的功能，不能反刍，也不能对食物进行细菌分解和发酵青贮饲料，此时期复胃的功能基本与单胃动物的一样，只起到真胃的作用。但羔羊在哺乳期可塑性强，当羔羊采食了易被发酵分解的饲料时，刺激微生物活动增强，瘤胃内挥发性脂肪酸浓度增加。日粮组成对各种挥发性脂肪酸的比例有明显的影响。研究证实，当羔羊开始采食饲料和草料时，瘤胃、网胃的发育速度要比只哺乳时快。所以，早期补饲对促进瘤胃发育起着非常重要的作用。

三、贵州黑山羊早期补饲建议方法

对羔羊实行早期补饲，辅以营养合理的开口料过渡，能够促进补饲期羔羊的生长，对整个时期的生长性能没有影响。对贵州黑山羊早期断奶羔羊的补饲建议采用“代乳粉+开口料”的模式。早期的研究表明，采用“代乳粉+开口料”模式补饲的羔羊前期体重和日增重接近或略低于随母哺乳羔羊，其原因可能是断奶日龄过早或断奶后饲粮营养物质消化率降低。除了“代乳粉+开口料”的补饲模式，单独开口料的补饲模式也可在生产中应用，即羔羊断母乳后开始直接饲喂开口料，但这种模式通常断奶时间较晚，一般在 30~60 日龄期间断奶。

第二节 贵州黑山羊羔羊早期断奶技术

一、代乳品使用技术

使用羔羊代乳品替代鲜奶饲喂羔羊时，应有3~5d的过渡期，即逐渐增加代乳品的用量，减少羊奶的用量，直至完全替代羊奶。

1. 断奶日龄的掌握

尽管越早断奶对羔羊的应激越大，但是越早断奶的羔羊接受代乳粉的情况越好。羔羊能够在2d之内适应代乳粉，采食量能够迅速赶上甚至超过同期羔羊吃母乳的量。依本课题组前期研究结果，在贵州黑山羊羔羊25~30日龄时可以将羔羊与母羊强制分离，改成饲喂代乳粉。

2. 断奶之前的准备工作

断奶前要做好以下准备。

(1) 在羔羊与母羊分开后，要在其身上用油漆涂写编号，有条件可打耳号，便于日后管理。

(2) 给羔羊选取干净、朝阳、通风好的羊舍，将羊舍打扫干净、消毒。

(3) 准备一套专用的饲喂代乳粉的器具，如烧开水的壶、奶瓶、奶嘴、盆、桶，清洗干净，开水煮过消毒。

(4) 计划实施代乳粉饲喂的羔羊，出生后7~10d需用专用羔羊开口料和优质干草诱食，这是实施代乳粉早期断奶的前提和基础。大量利用粗饲料，应补饲高质量的蛋白质和纤维少、干净脆嫩的干草。一般10~15日龄的羔羊每天补饲开口料50~75g，1~2月龄补饲100g，2~3月龄200g。在饲喂过程中注意少喂勤添，补饲草料结束后应将料槽内的剩草料倾倒干净，并将料槽倒扣，防止羔羊卧在槽内或将粪便排在槽内。

3. 代乳粉的调制

奶瓶、奶嘴及冲调代乳粉的容器每次饲喂后要刷洗干净，饲喂前用沸水煮沸 5min。代乳粉的冲调比例：建议在断奶初期要少一些，以 1 : (3~5) 为宜，使得干物质比例高，增加小羊的营养物质采食量。到中后期可以增大比例至 1 : (6~7)。

调制代乳粉乳液，要用 50~60℃的温开水冲调代乳粉，待冲调的代乳粉凉至 35~39℃时再进行饲喂。在没有温度计的情况下，可将奶瓶贴到脸上感觉不烫即可。注意要控制温度，防止过凉引起腹泻，过热烫伤羔羊的食道。代乳品的具体饲喂方法如下。

(1) 称量，根据羔羊的数量和每只羊的喂量确定代乳品用量，称量代乳品并置于奶桶中。

(2) 冲对，用煮沸后冷却至 50~60℃的开水冲兑代乳品。

(3) 搅拌充分，搅拌代乳品，直至没有明显可见的代乳品团粒。

(4) 定温，冲兑后的代乳品温度较高，待代乳品液体温度降到 35~39℃时用于饲喂羔羊。

4. 饲喂方式

羔羊与母羊分离之后，用奶瓶装代乳粉对羔羊进行诱导灌喂，但要遵循少量多次原则，避免过强的应激，使小羊能够慢慢适应代乳粉。一般情况下，刚断奶的羔羊 1 周内，1d 要饲喂 3~6 次，每次饲喂的时间间隔尽量一致，以便使小羊尽可能多地采食代乳粉。夜间尽可能饲喂 1 次，尤其在冬季，以防止小羊能量不足冻死。

待羔羊正常食用代乳粉 1 周后，可以用盆或吊架槽诱导羔羊采食代乳粉。饲喂人员用手指蘸上代乳粉让羔羊吮吸，逐步将手浸到盆中，将手指露出引诱羔羊吮吸，最后达到羔羊能够直接饮用盆中的代乳粉，此步骤要非常耐心，经过 2d 左右羔羊就能独立饮用代乳粉。

此训练的成功，对以后的饲喂节省人工起着至关重要的作用。

在这个过程中要特别注意的是，由于没有奶嘴不能够对羔羊产生有效的刺激，食管沟不能完全闭合，会有部分奶粉进入瘤胃进行异常发酵，所以每次用盆饲喂后应再让羔羊饮用一些清水，以避免瘤胃异常发酵。

5. 代乳粉饲喂量

羔羊代乳粉的饲喂量以羔羊吃八分饱为原则。通常的用量：每天喂 3 次，每次 40~60g 代乳粉。实际操作中可根据羔羊的具体情况调整喂量，同时，要注意采食后小羊的腹泻情况，从而调整采食量和进行药物治疗。

6. 饲喂代乳粉中要注意的问题

（1）液体饲料的饲喂应做到定量、定温、定时、定人，即饲喂时温度应为 35~39℃，每次的喂量一致，限时间尽可能恒定，饲养员定人。

（2）羔羊饲喂完毕后，应用毛巾将羔羊口部擦拭干净，防止互相舔食。同时，将奶桶、奶盆、奶瓶、奶嘴等用具清洗干净，沸水煮沸 3min。晾干待下次使用。

（3）产品冲泡后略有沉淀，不影响效果，可于饲喂前稍加搅拌。

（4）羔羊饲喂代乳粉早期会排出黄色软稀粪，不影响羔羊健康。

（5）及时更换羔羊舍内的垫草，保持舍内卫生。

（6）用盆喂代乳粉时，由于没有奶嘴，不能对羔羊产生有效的刺激，食管沟不能完全闭合，会有部分奶粉汁进入瘤胃进行异常发酵，所以，每次用盆饲喂后应再让羔羊饮用一些清水，以避免瘤胃异常发酵。

（7）个别羔羊对代乳粉接受能力较差，采食量很低，饲养员注意对其多饲喂几次，保证其能量和营养的摄入。

（8）个别羔羊会有排软粪或腹泻情况，对于软粪的可以不用采取措施，对于腹泻的下次饲喂减量或是停喂 1 顿，严重者可灌服乳酶生片。

二、贵州黑山羊羔羊代乳粉适合补饲量

为探讨贵州黑山羊羔羊最适代乳粉补饲水平，作者带领团队以羔羊生长性能、血清生化指标、腹泻率及死亡率为参考指标，选用出生

日期相同、体况健康相似的贵州黑山羊双羔羔羊12对共24只，按随机区组试验设计分成4组，每组6只，开展试验研究。羔羊随母哺乳，对照组不补饲代乳料，试验组从羔羊出生后7d分别补饲羔羊体重的1.0%、1.5%和2.0%代乳粉，预试期7d，正试期28d。

试验选用代乳粉为市售代乳料，主要组成为大豆粉、奶粉、乳清粉、大豆油、玉米蛋白粉、预混料添加剂、食盐以及免疫因子等。开口料按贵州黑山羊地方饲养标准羔羊营养需求配制，原料为玉米、豆粕、麸皮以及微量元素等。代乳料及精料补充料营养成分见表6–1。

表6–1　代乳料及精料补充料营养成分

营养成分	代乳粉	羔羊开口料
粗蛋白质（%）	25.0	19.0
干物质（%）	91.22	84.32
粗纤维（%）	1.86	7.66
粗灰分（%）	7.01	7.41
钙（%）	11.0	0.85
磷（%）	0.65	0.44
蛋氨酸（%）	1.0	1.11
赖氨酸（%）	1.45	1.24
消化能（MJ/kg）	18	11.33

注：表中营养成分均为实测值

代乳粉用完全烧开后冷却至50~55℃的开水按4∶1的比例冲泡，即每800mL水冲泡200g代乳粉，再冷却至（40±1）℃饲喂。

试验7~14d时，对照组日增重显著低于其他试验组（$P<0.05$）；试验14~21d及全期，2.0%代乳粉组日增重最大，对照组日增重最小，各组之间日增重差异显著（$P<0.05$）；试验21~28d时，2.0%代乳粉组日增重最大并显著高于其他各组（$P<0.05$），对照组日增重最小且显著低于1.0%代乳粉组和2.0%代乳粉组（$P<0.05$）；试验28~35d时，对照组日增重最大并显著高于1.5%代乳粉组（$P<0.05$）。

2.0%代乳粉组TP、GLU含量显著高于1.0%代乳粉组和对照组

($P<0.05$)，1.0%、1.5%代乳粉组与对照组之间差异不显著($P>0.05$)；各组之间的CHOL含量差异不显著($P>0.05$)。

1.5%代乳粉组和对照组的腹泻率均为33.33%，高于其他试验组；对照组死亡率为50%，高于其他试验组，2.0%代乳粉组死亡率为0%。

试验结果表明，2.0%代乳粉组贵州黑山羊双羔羔羊增重效果最好，全期日增重可达121.78g/d，显著高于对照组和1.0%、1.5%代乳粉组($P<0.05$)；补饲2%水平代乳粉的羔羊各阶段体尺指标优于其他代乳料补饲水平试验组和对照组；2.0%代乳粉组血清总蛋白和葡萄糖含量显著高于1.0%代乳粉组和对照组($P<0.05$)。综上，补饲2%代乳料有利于羔羊对营养物质的消化代谢，促进羔羊的生长发育。

第三节　羔羊免疫及常发疫病预防

一、羔羊推荐免疫程序

(1) 破伤风抗毒素。羔羊出生后12h内肌内注射，每只1mL。

(2) 羊快疫、猝狙（或羔羊痢疾）、肠毒血症三联灭活疫苗。皮下或肌内注射，不论羊只大小，一律5mL。免疫期1年。

(3) 山羊传染性胸膜肺炎灭活疫苗。每只3mL，皮下或肌内注射。免疫期1年。

(4) 山羊痘活疫苗。用生理盐水按瓶签注明的头份倍数稀释，于尾根内侧或股内侧皮内注射，每只0.5mL。免疫期1年。

二、常见疾病防控

1. 羔羊痢疾

主要危害7日龄以内的羔羊，其中又以2~3日龄的羔羊发病最多。若母羊妊娠期营养不良，则羔羊体质瘦弱；气候寒冷、昼夜温差大，特别是风雪过后，羔羊受冻；哺乳不当，羔羊饥饱不均，均为发病诱因。病初，羔羊精神不振，不愿吃奶；随后发生腹泻，粪便恶臭；后期，羔羊粪便带血，卧地不起，多在1~2d死亡。

预防：待产母羊产房彻底消毒，及时注射羊快疫、猝狙（或羔羊痢疾）、肠毒血症三联灭活疫苗。

治疗：羔羊患病后，用土霉素、胃蛋白酶各0.8g，分4次服用，每6h加水灌服1次，连用2~3d。严重脱水或昏迷的羔羊，可静脉注射5%葡萄糖生理盐水20~40mL，连用3d。

2. 羔羊肺炎

多见于瘦弱母羊产下的羔羊。患病羔羊咳嗽，鼻中流出大量脓性分泌物，体温升高，多在几天内死亡。

预防：母羊产后发生乳房炎时，禁止羔羊哺乳，同时彻底消毒圈舍；将羔羊转移到温暖、敞亮、通风良好的圈舍内，多铺垫草，勤晒太阳。

治疗：在患病羔羊胸腔倒数第6~8肋间、背部向下4~5cm处进针深1~2cm注射青霉素、链霉素各20万单位，每天1次，连用3~4d。

第七章　贵州黑山羊养殖常用饲草饲料

第一节　常用饲料

一、玉米

农户养殖贵州黑山羊，通常将玉米作为主要的补饲饲料。玉米的品质判别十分重要，影响玉米品质的主要因素为产地与季节、贮存期及贮存条件等。产地及上市季节与品质关系密切，我国北方产玉米完全采用机械收割、机械干燥，加之北方气候干燥，玉米霉变较少，品质较好。南方玉米受地理环境影响，降水多，湿度大，加之贮存设备不良，故褐变多，黄曲霉毒素含量高。同一产地季节不同，也有不同品质，以北方玉米为例，以冬季上市者水分较高，夏季则水分较低，粗蛋白质含量也随之变化，冬低夏高。

1. 判断玉米耐贮与否的因素

（1）水分含量：温差会造成水分移动，高水分玉米极易霉变。

（2）已变质程度：发霉的第一个征兆就是胚轴变黑，然后胚变色，最后整粒玉米成为烧焦状。

（3）玉米一经粉碎即失去天然保护作用。

（4）虫蛀、发芽、掺杂程度、黄曲霉毒素含量等，有异味玉米应避免用于贵州黑山羊养殖。

2. 成分特性

（1）碳水化合物是玉米的主要化学组分，约占全粒的75%。其中主要是淀粉占玉米总重的70%~72%，单糖和双糖约占2.0%，单糖和双糖的50%存在于胚芽中，胚芽中的双糖主要是蔗糖，而葡萄糖、果糖和蜜三糖则分散于全籽实中。

(2) 玉米蛋白质的品质较差，尤其是赖氨酸、蛋氨酸、色氨酸等必需氨基酸含量较低。玉米蛋白质主要由醇溶蛋白和谷蛋白组成。醇溶蛋白约占玉米蛋白质的50%，主要含存于胚乳中；谷蛋白则主要含存于胚中。

(3) 玉米含脂肪约4%，其中85%存在于胚中。玉米脂肪主要由甘油三酯构成，各种脂肪酸的构成比例大致为亚油酸59%，油酸27%，硬脂酸2%，亚麻酸0.8%，花生油酸0.2%，多属不饱和必需脂肪酸。

(4) 玉米含粗灰分仅为1.4%左右，灰分的80%存在于胚芽中。玉米含钙较少，磷主要是以植酸态磷（约占总磷的66%）形式存在，羊对其利用率比猪禽高。其他矿物元素的含量亦较低。

(5) 玉米中维生素E含量约为20mg/kg，黄玉米中含有较高的胡萝卜素，玉米缺乏维生素D和维生素K、B族维生素中B_1含量较多，B_2和烟酸等含量则较少。

(6) 黄玉米中含有胡萝卜素、叶黄素和玉米黄质等色素。白玉米除色素含量非常少外，其他成分与黄玉米相近。

(7) 玉米总能量为干物质18.5MJ/kg，其中85%以上可被羊利用，不同批次、不同产地的玉米所含热能不是固定常数。不成熟的玉米，收获时水分每增加1%，热能便减少176kJ/kg。

(8) 因适口性好、热能高，可大量用于贵州黑山羊精料补充料中，贵州黑山羊饲以碎玉米，摄取容易且比全粒玉米消化率高，利用效率较佳。用压片玉米饲喂，在饲料效率及生长作用方面均优于制粒、细碎或粗碎的玉米。淀粉含量高的玉米，贵州黑山羊增重效果也呈良好趋势。

3. 玉米分级标准

我国饲料用玉米国家标准规定，玉米感官性状应籽粒整齐、均匀；色泽呈黄色或白色，无发酵、霉变、结块及异味异臭。水分含量一般地区不得超过 14.0%，东北、内蒙古、新疆等地区不得超过 18.0%，分级标准是以粗蛋白、粗纤维、粗灰分百分含量为质量控制指标而分为三级，各项指标含量均以 86%干物质为基础计算；3 项质量指标必须全部符合相应等级规定，二级为中等质量标准，低于三级者为等外品。玉米质量标准详见表 7-1。

表 7-1　玉米质量标准

质量标准	一级	二级	三级
粗蛋白质（%）	≥9.0	≥8.0	≥7.0
粗纤维（%）	<1.5	<2.0	<2.5
粗灰分（%）	<2.3	<2.6	<3.0

二、稻谷与糙米

稻谷是贵州最重要的谷物之一，主要用于加工成大米作为人类的食粮。贵州有些地区常采用稻谷、糙米、碎米或陈大米等作为精料补饲贵州黑山羊。

1. 品质判别

（1）新鲜稻米为白色至淡灰黄色，发霉酸败时则转灰色，有霉败味。饲料用多属久存的陈米。为判定其鲜度变化程度，可作如下测定水溶性，脂肪酸酸度。

（2）粉碎后糙米易迅速酸败、生虫、结块、变质，不可久存。

（3）在贮藏期间会因呼吸、氧化、微生物及酶的作用而变质，糙米在贮存中维生素 B_1 逐渐减少，同时风味变劣。温度在 15℃以下，相对湿度在 75%以下，糙米可长期贮存而不变质，但精白米易变质，不耐久存。

（4）稻谷与糙米的唯一区别就是稻壳的有无。稻壳是所有谷物外皮中营养最低者，成分多为木质素及硅酸，占稻谷的 20%~25%，稻谷的消化率逊于糙米，营养价值可估计为玉米或糙米的 80%。稻谷的比重较轻，容积为糙米的1.7~2倍。糙米由种皮（5%~6%）、胚芽（2%~3%）和胚乳（91%~92%）构成。

2. 成分特性

(1) 糙米蛋白质含量及氨基酸组成与玉米等谷物大概相同，碳水化合物以淀粉为主，约占白米的75%，另有糊精1%、糖0.5%、多糖1%，淀粉甚易糊化（60℃）。脂肪在糙米中约占2%，大部分存在于米糠及胚芽中，因此白米仅含脂肪0.8%，构成米油的脂肪酸以油酸（45%）及亚油酸（33%）为主。

(2) 糙米中矿物质含量不多，约占1.3%，主要在种皮及胚芽中。白米灰分为0.5%，以磷酸盐为主，植酸磷占69%，磷的利用率约为16%，钙含量甚低。糙米中B族维生素含量较高，且随精制程度而减少，维生素含量与一般谷物类似，但β胡萝卜素极低为其特点。

(3) 糙米或碎米用于贵州黑山羊养殖可完全取代玉米使用，但以粉碎为宜。稻谷粉碎后用于贵州黑山羊养殖，其价值约为玉米的80%，可完全作为能量饲料来源使用。饲料用稻谷质量标准详见表7-2。

表7-2　饲料用稻谷质量标准

质量标准	一级	二级	三级
粗蛋白质（%）	≥8.0	≥6.0	≥5.0
粗纤维（%）	<9.0	<10.0	<12.0
粗灰分（%）	<5.0	<6.0	<8.0

三、高粱

贵州酿酒工业发达，高粱作为主要的酿酒原料，是贵州种植较多的粮食作为之一。当作为贵州黑山羊养殖原料时，高粱与玉米有很高的替代性，具体可根据二者的价格差和单宁酸含量定。

1. 品质判别

（1）单宁含量以褐色种较高，白色较低，黄色居中单宁含量高，不但适口性降低，而且会降低蛋白质及氨基酸的利用率。单宁含量高低简易鉴别法：取一茶匙高粱粒置于广口杯内，加苛性钾（KOH）5g及次氯酸钠（NaClO）少许，加水1/4杯，稍加热7min，干燥后褐高粱呈现一层很厚的深色种皮，而低单宁的高粱则呈白色。

（2）杂质及高粱外壳含量多寡对成分影响很大，由于采收、脱粒作业粗放，有些高粱外壳含量高而影响适口性、制粒品质及商品饲料的外观。欠成熟高粱往往外壳含量多，饲料效率不佳。

（3）一般高粱的水分含量、破碎性、被害粒、发芽率及酸价等特性均优于玉米，故耐贮性高于玉米。高单宁高粱外皮所含的酚酸较高，可抑制微生物的生长与侵入，有自然的防腐作用，但不应因此而忽视贮藏工作。

2. 成分特性

（1）高粱蛋白质含量略高于玉米，但其蛋白质消化率较玉米低，二者均缺乏赖氨酸、蛋氨酸、组氨酸等必需氨基酸。

（2）脂肪含量低于玉米，脂肪为甘油三酯，但饱和脂肪酸较玉米多，分别含亚油酸49%、油酸30%、硬脂酸2%、棕榈酸13%，高粱约含1.5%的必需脂肪酸（而玉米则有2.5%左右）、脂质中约含5%磷脂，其中卵磷脂占95%，致使高粱所含脂肪熔点较高。

（3）高粱淀粉含量与玉米相近，但高粱淀粉粒受蛋白质覆盖程度较高，因此影响消化，导致高粱的能值低于玉米。

（4）维生素B_1、维生素B_6含量与玉米相当，烟酸、生物素等虽多于玉米，但烟酸以结合型存在，导致其所含烟酸较难消化。

（5）镁、钾含量较多而钙含量少，所含磷约70%为植酸磷。

（6）作为贵州黑山羊的能量饲料，高粱与玉米配合使用效果增强，并可提高饲料效率与日增重，两者饲喂可以延长谷物在胃肠停留时间，使之得以充分消化吸收。高粱质量标准详见表7-3。

表 7-3　高粱质量标准

质量标准	一级	二级	三级
粗蛋白质（%）	≥9.0	≥7.0	≥6.0
粗纤维（%）	<2.0	<2.0	<3.0
粗灰分（%）	<2.0	<2.0	<3.0

四、小麦

小麦是贵州重要的粮食作物之一，一般饲用的多是碎小麦、粉头等加工副产品。

1. 品质判别

（1）小麦品种间蛋白质含量差异较大，在选购与计算配方时应予注意。

（2）小麦皮部灰分含量高，故小麦粉灰分含量过多则表明皮部较多，据此可作为小麦粉品质判定依据之一。

2. 成分特性

（1）小麦所含水分随成熟而减少，作为商品小麦，水分为8%~18%。

（2）与玉米相比，小麦蛋白质及维生素含量（维生素 A 除外）较高，缺乏赖氨酸，热能较低，所含 B 族维生素及维生素 E 较多，尤其胚芽富含维生素 E，维生素 A、维生素 D、维生素 C、维生素 K 则极少。

（3）生物素的利用率比玉米、高粱要低。色素有胡萝卜素及呈黄褐色的黄酮色素，前者存在于胚乳，后者存在于胚芽及皮部。

（4）所含矿物质中钙少磷多，存在于皮部的灰分量约为胚乳部的 20 倍，皮部钙、镁含量高，而中心部钠、锰、铜高，70%的磷为植酸磷。

（5）胚芽中含脂肪达 8%~15%，据测定，小麦脂肪中至少有 23 种类脂成分。碳水化合物 70%在胚乳部，主体是淀粉。

（6）小麦也是贵州黑山羊很好的能量饲料，但整粒小麦有引起消化不良的可能，粉碎太细又会在口腔内成糊状，导致拒食，故建议以粗碎或压片后补饲。压片、糊化等处理可改善利用率。在贵州黑山羊精补料中用量以不超过50%为宜，否则可能导致过酸症。小麦质量标准详见表7-4。

表7-4　小麦质量标准

质量标准	一级	二级	三级
粗蛋白质（%）	≥14.0	≥12.0	≥10.0
粗纤维（%）	<2.0	<3.0	<3.5
粗灰分（%）	<2.0	<2.0	<3.0

五、米糠

国内饲料行业通常将稻谷加工副产品统称为米糠，糙米加工精米的副产物称为油糠。

1. 品质判别

（1）全脂米糠极易氧化酸败，主要是米糠油脂含量较高，由于酶（脂肪分解酶及氧化酶等）及微生物作用所致。通常测定游离脂肪酸含量即知酸败程度。如米糠加热则可破坏酶，为防止酸败发展，制成脱脂米糠是普遍应用的办法，脱脂米糠可长期贮存。

（2）全脂米糠水分含量是影响品质最大的因素，如水分含量高达13%以上，氧化变质甚速，尤其高温高湿的夏季，4~5d酸价即直线上升。由陈旧加工所得全脂米糠反而耐贮。

（3）谷物加工越精米糠淀粉含量越高，粗纤维越低，热能则随之提高。

2. 成分特性

（1）全脂米糠含油高达10%~18%，大多属不饱和脂肪酸，油中尚含2%~5%天然维生素E，米糠富含B族维生素，而维生素A、维生素 D、维生素 C 较少。

（2）全脂米糠含锰、磷较高，所含磷约 86%为植酸磷，磷利用率不佳。全脂米糠中含有抗胰蛋白酶，加热即可除去，否则给饲太多会影响蛋白质消化。

（3）蛋白质含量高的可达 13%，蛋白质中氨基酸组成与谷物类似。

（4）全脂米糠对贵州黑山羊适口性尚好，日粮中可用至 20%左右，注意全脂米糠不可发生酸败。但采食全脂米糠过多会引起腹泻并软化体脂而呈黄色。米糠质量标准详见表 7-5。

表 7-5 米糠质量标准

质量标准	一级	二级	三级
粗蛋白质（%）	≥13.0	≥12.0	≥11.0
粗纤维（%）	<6.0	<7.0	<8.0
粗灰分（%）	<8.0	<9.0	<10.0

六、麸皮

小麦麸俗称麸皮，在小麦制粉中可产生 23%~25%的麦麸、3%~5%的次粉和 0.7%~1.0%的胚芽粉。

1. 品质判别

（1）片状麸皮，淡褐色至红褐色，随小麦品种、等级、品质而有差异，有特香风味，不可有发酸败、发霉味道，不可有麦秆等存在，不可有虫蛀发热及结块现象。

（2）60%可通过 40 目标准筛，2%以下可通过 60 目标准筛，比重为 0.18~0.26kg/L。

（3）小麦麸易生虫，不可久存，水分超过 14%时，在高温、高湿下易变质。

2. 成分特性

（1）小麦品种对麸皮成分影响很大，由硬冬小麦所制者，蛋白质含量较高，春软小麦则较低。由红皮小麦所制者蛋白质含量较高，白皮小麦则较低。

（2）麸皮成分与脱脂米糖类似，但氨基酸组成较佳，消化率略优于脱脂米糠，B 族维生素及维生素 E 含量高。

（3）矿物质含量较多，磷多属植酸磷，约占 75%，但含植酸酶，故吸收率优于米糠。含脂肪 4%左右，以不饱和脂肪酸居多，因含脂肪酶，故易变质生虫。粗纤维含量高，质地松散，属低热能原料。

（4）对贵州黑山羊麸皮容积大，纤维含量高，适口性好。精料补充料中可使用 25%～30%，可助泌乳，但用量太高反而失去效用。麸皮质量标准详见表 7-6。

表 7-6　麸皮质量标准

质量标准	一级	二级	三级
粗蛋白质（%）	≥15.0	≥13.0	≥11.0
粗纤维（%）	<9.0	<10.0	<11.0
粗灰分（%）	<6.0	<6.0	<6.0

七、糖蜜

糖蜜是制糖工业的副产品，根据原料种类，可分为甘蔗糖蜜、甜菜糖蜜、淀粉糖蜜等。

1. 品质判别

糖蜜养分中除糖外，尚含有矿物质、胶体等，品质判别建议测定水分、含糖量及矿物质含量。柑橘糖蜜应有适当黏度方可保持不溶物质的悬浮性，此类产品成分不稳定。淀粉糖蜜有时会发生结晶现象，某些工厂另添加盐类以防结晶，采购检测及应用时应予注意。

2. 成分特性

（1）各种糖蜜均含少量粗蛋白质，其中多属非蛋白氮，如氨、硝酸盐及酰胺等，氨基态氮仅占38%~50%，非必需氨基酸如天冬氨酸、谷氨酸含量较多，故其蛋白质生物学价值极低。

（2）糖蜜主要成分为糖类。甘蔗糖蜜含蔗糖为24%~36%，还原糖为12%~24%；甜菜糖蜜所含糖类几乎全属蔗糖，约47%之多。

（3）糖蜜矿物质含量较高，主要为钠、氯、钾、镁等，尤以钾含量最高，甘蔗糖蜜约含钾36%，而甜菜糖蜜高达4.8%，此外尚含少量钙、磷，维生素含量甚低。

（4）除淀粉糖蜜外，其他糖蜜含有3.0%~4.0%的可溶性胶体，主要成分为木糖、阿拉伯糖胶及果胶等。

（5）糖蜜由于含有盐类等原因，故有轻泻作用。水量较高，热能较低。

（6）糖蜜对贵州黑山羊适口性颇佳，但因具有轻泻性，用量宜在10%以下，可少量取代玉米，其饲料价值为玉米的70%左右。糖蜜尚可改善不良风味日粮的适口性和饲用价值。

八、全脂大豆

全脂大豆贵州俗称黄豆，贵州黑山羊养殖农户有用黄豆补饲产羔母羊、羔羊和公羊的习惯。全脂大豆脂肪和蛋白含量高，所含脂肪多属不饱和必需脂肪酸。但使用前需将生大豆用锅焙炒、蒸煮处理。

1. 品质判别

（1）大豆品种、等级（被害粒的性质、比例等）、颜色（是否有霉变斑点）、光泽（受潮大豆膨胀，干燥后表面粗糙）等均影响全脂大豆品质。

（2）需注意脂肪劣化后适口性降低，甚至会造成腹泻的问题。

2. 成分特性

（1）大豆蛋白质含量为32%~40%，生大豆蛋白质多属水溶性蛋白（约90%），加热后即难溶于水，氨基酸组成良好，唯一缺点是蛋氨酸含量不高。

（2）粗脂肪含量为17%~20%，其中不饱和必需脂肪酸亚麻酸占55%，脂肪的代谢能约比牛油高出29%，油脂中存在磷脂质占1.8%~32%。

（3）碳水化合物含量不高，其中蔗糖占27%，水苏糖占16%，阿戊糖占18%，半乳糖占22%，纤维素占18%。阿聚糖、半乳聚糖及半乳糖酸结合而成黏性的半纤维素，存在于大豆细胞膜中，有碍消化。淀粉在大豆中含量甚微，仅0.4%~0.9%。

（4）矿物质中以钾、磷、钠居多，钙甚低，含磷约0.6%，其中60%属不能利用的植酸磷。

（5）维生素含量比谷类高，B族维生素多而维生素A、维生素D少，维生素C则在发芽时增加。大豆中含有多种有机酸（约1.4%），其中以柠檬酸最多，尚含微量草酸钙，连同其他挥发性物质构成大豆特有的气味。

（6）大豆中所含加热能除去的抗胰蛋白酶、白细胞凝集素、抗甲状腺素、抗维生素因子、植酸十二钠、尿素酶等抗营养因子，以及加热无法破坏皂苷、雄情素（Estrogen）、胀气因子等抗营养因子。

（7）大豆对贵州黑山羊适口性高，作为羔羊代用乳的蛋白源价值很高，可以代替部分脱脂奶粉，但宜将加热后的大豆先用酸或碱处理，再添加蛋白质分解酵以提高其消化率。大豆质量标准详见表7-7。

表7-7　大豆质量标准

质量标准	一级	二级	三级
粗蛋白质（%）	≥36.0	≥35.0	≥34.0
粗纤维（%）	<5.0	<5.5	<6.5
粗灰分（%）	<5.0	<5.0	<5.0

九、豆粕

豆粕（饼）是专指以溶剂萃取油脂后的大豆残粕，是目前广泛使用的植物蛋白源。

1. 品质判别

(1) 颜色应为淡黄至淡褐色（太深表示加热过度，太浅可能加热不足)、颜色新鲜一致，质地均匀，流动性良好的粗粉状物，不可有结块，不可有野草种子、杂物、泥土。有烤黄豆香味，不可有生豆臭，不可有焦化、酸败及霉坏味道。

(2) 豆粕品质主要受原料及制造过程影响，如原料等级、气候、土壤、施肥及贮存情况等，又如加工中精选程度、机械型式、加热条件、脂肪萃取量、脱胶流程、溶剂残留及操作管理等。

(3) 烘烤程度是影响大豆粕品质的重要因素，烘烤不当，甚至烧焦者，所制得豆粕颜色较深，利用率差。

(4) 建议定期检测尿素酶、抗胰蛋白酶活性。

2. 成分特性

(1) 蛋白质含量较高（40%~44%)，可利用性好，赖氨酸含量高（2.5%~2.8%)，缺乏蛋氨酸。

(2) 粗纤维主要来自大豆皮，无氮浸出物主要是蔗糖、棉籽糖、水苏糖及多糖类，淀粉含量低，矿物质中钙少磷多，磷多属植酸磷。

(3) 维生素 A、维生素 D、维生素 B_2 含量少，其他 B 族维生素较高。此外，大豆粕色泽佳，风味好，加工适当不含抗营养因子，成分变异少，品质稳定，饲喂贵州黑山羊使用上无用量限制，但需考虑成本因素。

(4) 大豆粕在 1~2 年贮存期间，霉菌着生率呈直线上升。

(5) 对贵州黑山羊是良好的蛋白质饲料。羔羊的代乳饲料中，大豆粕可代替部分脱脂乳。各阶段羊饲料均可使用，适口性好，长期使用不会厌食。用量太多会有软便现象。但羔羊及人工乳中不宜过量。豆粕质量标准详见表 7-8。

表 7-8　豆粕质量标准

质量标准	一级	二级	三级
粗蛋白质（%）	≥44.0	≥42.0	≥40.0
粗纤维（%）	<5.0	<6.0	<7.0
粗灰分（%）	<6.0	<7.0	<8.0

十、啤酒糟粉

啤酒糟粉以大麦芽或混合其他谷物制造啤酒过程所滤出的残渣加以干燥的产物，通常含有啤酒其酒花、啤酒酵母、热凝蛋白等其他副产品。

1. 品质判别

（1）应为浅色至中等巧克力色，不可出现烧焦现象，细度一致，流动性好，可见浅色麦谷纤维，但不可有结块现象。

（2）在高温、高压下，水分含量超过12%的产品易生霉变质。

（3）制酒原料、糖化程度、干燥方法与干燥程度对产品品质及成分影响最大，过热产品影响营养物质的利用率，日晒者又有变质的可能，干燥前汁液流失愈多，则成品蛋白质等营养成分含量愈低，而粗纤维愈高。

2. 成分特性

（1）除淀粉较少外，其他成分与大麦类似。

（2）粗蛋白含量为22%~27%，粗纤维高，矿物质、维生素成分均佳，粗脂肪达5%~8%，其中亚麻酸占50%以上，无氮浸出物为39%~43%，以五碳糖类戊聚糖为主。

（3）在贵州黑山羊精补料中，啤酒糟可取代部分或全部大豆粕，本品尚可改善尿素的利用性，防止肝肿病及消化障碍的发生。羔羊可使用至20%，成年羊为30%~35%。

十一、酒糟粉

以谷物或不同谷物混合物经酵母发酵，并以蒸馏法萃取酒之后，再经分离处理所得粗谷部分干燥即得酒糟粉。

1. 品质判别

高粱、玉米酒糟在制造过程中均加粗糠（稻壳等）以利于排料，其含量对营养及饲料价值影响甚大。干燥前可溶性的液体流失对 B 族维生素、未知生长因子及矿物质的损失也很大。

2. 成分特性

（1）除碳水化合物减少外，一般酒糟粉的营养成分为其原料的 2.5~3 倍，并增加了维生素及发酵产物，故为蛋白质、脂肪、维生素及矿物质的良好来源，并含未知生长因子。氨基酸成分随原料而异，一般而言，蛋氨酸稍高，赖氨酸及色氨酸则明显不足。

（2）对于贵州黑山羊，酒糟粉可作为蛋白质能量的来源，以取代部分谷物及饼粕类，但原料、加工工艺、保存等条件不同，导致适口性差异较大，精补料中用量可达 50%，但必须保证适口性。

第二节　贵州黑山羊养殖人工草地建植常用牧草品种

一、单播牧草

贵州黑山羊养殖单播牧草品种主要有饲用甜高粱、高丹草、饲用玉米、多花黑麦草、扁穗牛鞭草、皇竹草、紫花苜蓿、白三叶、红三叶等。饲用甜高粱、高丹草、饲用玉米、皇竹草等牧草适宜春播，播种时间一般在 3 月底至 4 月中旬。多花黑麦草、紫花苜蓿、白三叶等牧草适宜秋播，播种时间一般在 9 月上旬至 10 月中旬。

二、混播牧草

建植多年生人工草地适宜的混播组合：多年生黑麦草+苇状羊茅+鸭茅+紫花苜蓿+白三叶，多年生黑麦草+鸭茅+紫花苜蓿+白三叶等。改良天然草地应以豆科牧草为主，适宜的混播组合：多年生黑麦草+鸭茅+白三叶+红三叶+百脉根，鸭茅+苇状羊茅+多年生黑麦草+紫花苜蓿+白三叶，白三叶+紫穗槐。冬季稻田混播组合：多花黑麦草+紫云英或多花黑麦草+白三叶，9 月上旬至 10 月上旬水稻收割后，开沟沥干水分，翻耕整地，施足底肥，撒播或条播。

第三节　人工草地建设与天然草地改良技术

一、人工草地建设

1. 工艺流程

土地开垦→整地→土壤处理→施肥→播种→压实→田间管理→草场利用和管理。

2. 人工草地建设主要技术方法

（1）土地开垦。土地深翻开垦，并清除土地上原有的杂草、石块，深耕 20~30cm，使土壤疏松，创造良好的牧草生长环境。

（2）整地。土地开垦后，将土块拍细、平整，清除土壤中残留的石块等杂物。

（3）土壤处理。首先做好土壤营养成分分析工作，进行土壤的 pH、氮、磷、钾和微量元素含量的测定，在播种前 1 个月根据土壤 pH 施用石灰调整土壤 pH，使土壤 pH 值在 6.5 左右，有利于牧草的生长，石灰的施用原则：土壤 pH 值 4.5~5 时，每亩（1 亩≈667m^2）施用石灰 300kg，pH 值在 5.1~5.5 时，每亩施用石灰 200kg，pH 值在 5.6~6 时，每亩施用石灰 100kg，对草场土壤进行必要的改造。根据氮、磷、钾的含量确定使用肥料中氮、磷、钾的比例，以利于牧草生长。

(4) 施肥。在播种前，平整好的土地用石灰处理完毕后，用农家肥和复合肥作底肥，每亩用农家肥1 000kg、复合肥50kg，出苗后用尿素提苗，每亩用5kg。

(5) 播种。根据当地的气候条件和土壤条件选择合适的牧草品种及组合，根据不同草地利用方式，采用如下牧草混播组合。

放牧型人工草地：多年生黑麦草（1kg/亩）+鸭茅（0.25kg/亩）+白三叶（0.25kg/亩）+高羊茅（0.25kg/亩）+宽叶雀稗（0.25kg/亩）。

刈割型人工草地：紫花苜蓿（0.5kg/亩）+多年生黑麦草（1kg/亩）+狼尾草（0.1kg/亩）+皇竹草（700株/亩）。

改良人工草地：在石漠化较严重的地区，采用分点播种，一般每个点约1m^2，播种百花刺5~6粒或桑树苗，野生竹类一株或石隙间点播百花刺等。苗长到5~10cm时，追施1次复合肥。

(6) 围栏。为了合理利用和保护人工草地，便于草地的管理，建设草地围栏。采用刺铁丝围栏为主，辅加生物围栏和深沟河谷围栏，在大边境围栏的基础上，按1 000亩左右以天然地形地貌为界进行分区围栏，整个草场用水泥桩刺铁丝围栏界定，围栏桩距5m，刺铁丝4层，水泥柱高1.6m，根据实际需要，除沟河以外，按5 000棵/万亩，需制作水泥桩约15 000棵，购刺铁丝30t。

(7) 草场利用和管理。为了提高草地产量和质量，应采取除杂、补播、施肥等措施。

二、草地改良

1. 工艺流程

围栏→清除有毒有害植物→补播、施肥改良草场→配套饲养家畜（山羊）。

2. 改良草地主要技术方法

(1) 围栏：大田围栏封育区，以天然地形为界围栏，整个草场采用包围式刺铁丝围栏。刺铁丝按 1t/3 000 亩计算，水泥桩按 5 000 棵/万亩，水泥桩间隔距离 5m，水泥桩的规格为 0.12m×0.12m×1.6m。刺铁丝拉 4 层，规格为每层距离 15cm。

（2）除杂：在围栏的基础上，有计划地采取机械、工程、生物等各种措施，清除有毒有害植物，特别是清除紫茎泽兰。

（3）施肥：每亩施用 6kg 尿素、500kg 农家肥。

（4）补播：对改良草场进行围栏和除杂后，用百花刺、桑树等优质灌木和三叶草、紫花苜蓿等优质牧草进行补播。每亩用百花刺 0.6kg 或桑树苗 75 株或三叶草、紫花苜蓿 0.2kg；也可以采用混播方式，即百花刺 0.2kg、桑树苗 25 棵、刺槐 0.1kg、三叶草、紫花苜蓿各 0.1kg 比例播种。

（5）利用：在大围栏内建立生物围栏、深沟围栏等方式对围栏草地分区，进行划区轮牧合理利用草场，提高草地利用率，缓解天然草地的压力。

（6）配套养畜：建立贵州黑山羊养殖示范区，按照草畜平衡的原则，合理利用改良草地。

第四节　贵州黑山羊常用野生牧草及养分评定

贵州黑山羊采食性广，本研究团队共收集测定贵州黑山羊较喜食的 80 余种野生牧草常规营养成分，并开展了 CNCP 评定，同时测定了常用野生牧草干物质、粗蛋白和中性洗涤纤维在贵州黑山羊瘤胃降解率。常见野生牧草营养评定见表 7-9。

如表 7-10 所示，0h DM 瘤胃降解率平均值从小到大依序为：禾本科（7.44）<菊科（7.69）<其他科属（8.44）<豆科（8.92）<蔷薇科（9.16）<蓼科（9.75）。禾本科、豆科、蓼科、菊科、蔷薇科和其他科野生牧草 4~96 h 各时间段 DM 瘤胃降解率平均值从小到大依序均为：禾本科<蓼科<蔷薇科<其他科属<菊科<豆科。

表 7–9　贵州黑山羊养殖常用野生牧草营养评定

牧草名称	科属	DM (%)	CP (%)	NFE (%)	NDF (%)	ADF (%)	GE (Mcal/kg)	CNC-PST	CNC-PSN	DDM (%)	DCP (%)	DNDF (%)	MeI (Mcal/d)	CPI (g/d)	DCPI (g/d)	MCP (g/d)
白刺花	豆科	88.26	19.36	39.82	48.21	37.50	3.82	3.93	10.51	57.52	50.94	58.30	0.448 5	48.19	24.55	22.09
白三叶	豆科	89.24	26.76	42.58	35.86	27.53	3.66	3.31	10.33	68.30	58.80	69.57	0.577 5	89.55	52.65	47.39
刺槐	豆科	89.89	27.17	44.91	41.16	32.13	3.87	4.11	10.76	36.71	60.23	64.81	0.531 5	79.21	47.71	42.94
红三叶	豆科	89.88	19.04	50.11	34.84	28.12	3.72	1.87	10.66	59.68	52.48	69.73	0.603 8	65.58	34.42	30.97
胡枝子	豆科	89.19	9.93	43.55	54.39	33.28	3.68	4.59	9.61	31.01	45.24	50.46	0.382 4	21.91	9.91	8.92
截叶铁扫帚	豆科	88.16	19.48	37.66	45.27	34.57	3.10	7.57	10.45	41.05	57.07	53.61	0.387 6	51.64	29.47	26.52
老虎刺	豆科	89.55	15.32	56.71	28.75	14.32	3.89	0.35	7.73	71.60	59.49	54.00	0.764 4	63.94	38.04	34.24
球子崖豆	豆科	89.58	13.19	53.43	39.20	30.76	3.68	1.40	10.80	56.20	60.69	55.83	0.530 4	40.38	24.51	22.05
绒毛崖豆	豆科	89.27	13.53	50.11	44.69	34.71	3.61	2.27	10.82	51.39	73.21	75.11	0.456 6	36.33	26.60	23.94
紫花苜蓿	豆科	89.34	22.92	43.07	33.43	22.36	3.60	0.78	10.82	61.50	37.48	73.58	0.608 7	82.27	30.84	27.75
紫穗槐	豆科	89.17	18.52	56.98	41.52	28.87	3.90	2.89	10.80	47.14	67.58	58.00	0.530 6	53.53	36.17	32.56
甘蔗	禾本科	89.29	7.83	44.40	65.33	42.45	3.54	7.73	10.34	43.51	63.05	48.58	0.306 6	14.38	9.07	8.16
黑麦草	禾本科	89.64	10.54	48.29	56.36	34.05	3.83	4.06	10.74	26.35	55.11	44.01	0.383 9	22.44	12.37	11.13
皇竹草	禾本科	89.46	10.81	42.75	64.41	42.50	3.47	6.05	10.80	47.52	57.79	58.79	0.304 6	20.14	11.64	10.47

（续表）

牧草名称	科属	DM（%）	CP（%）	NFE（%）	NDF（%）	ADF（%）	GE（Mcal/kg）	CNC-PST	CNC-PSN	DDM（%）	DCP（%）	DNDF（%）	MeI（Mcal/d）	CPI（g/d）	DCPI（g/d）	MCP（g/d）
旱茅	禾本科	89.14	3.68	42.31	63.79	38.68	3.59	8.27	9.88	51.87	49.50	42.58	0.317 9	6.92	3.43	3.08
扁穗雀麦	禾本科	89.12	10.64	41.56	61.38	38.41	3.87	7.32	10.77	29.71	53.82	43.32	0.356 4	20.80	11.20	10.08
类芦	禾本科	88.06	8.95	38.85	51.26	42.64	3.54	8.94	11.34	53.19	55.76	42.66	0.390 5	20.95	11.68	10.51
白茅	禾本科	89.24	14.53	44.23	60.51	42.09	3.82	5.51	6.66	23.51	64.70	50.50	0.357 0	28.82	18.64	16.78
早熟禾	禾本科	90.84	22.74	33.77	48.24	37.01	3.54	2.96	10.81	61.65	59.14	61.13	0.414 4	56.57	33.45	30.11
芒	禾本科	89.21	5.68	42.56	62.89	47.94	3.61	8.14	10.70	28.85	62.54	42.65	0.324 8	10.84	6.78	6.10
野古草	禾本科	89.04	4.48	44.49	61.66	37.02	3.64	6.25	10.77	23.53	71.39	44.20	0.334 2	8.72	6.22	5.60
棕叶狗尾草	禾本科	88.16	9.83	39.22	64.24	41.14	3.22	4.04	7.03	35.05	58.41	58.98	0.283 8	18.36	10.73	9.65
苍耳	菊科	89.08	18.67	49.67	27.29	22.14	3.13	2.25	7.05	44.46	53.63	58.01	0.649 4	82.10	44.03	39.63
千里光	菊科	89.77	14.72	50.41	38.17	29.06	3.50	1.64	10.47	65.51	62.24	64.30	0.518 0	46.28	28.80	25.92
一年蓬	菊科	89.64	21.56	49.09	29.20	28.04	3.20	1.67	5.54	55.71	54.30	61.00	0.619 6	88.60	48.11	43.30
马兰	菊科	89.26	13.42	53.63	34.77	33.18	3.46	1.29	10.82	53.73	61.19	57.49	0.562 1	46.32	28.34	25.51
紫茎泽兰	菊科	89.28	14.14	51.80	26.14	21.05	3.65	0.77	6.69	36.23	48.46	34.15	0.788 6	64.91	31.46	28.31
尼泊尔蓼	蓼科	89.07	21.77	45.56	42.38	32.27	3.11	3.23	9.61	54.83	47.41	53.09	0.415 3	61.64	29.22	26.30

（续表）

牧草名称	科属	DM（%）	CP（%）	NFE（%）	NDF（%）	ADF（%）	GE（Mcal/kg）	CNC-PST	CNC-PSN	DDM（%）	DCP（%）	DNDF（%）	MeI（Mcal/d）	CPI（g/d）	DCPI（g/d）	MCP（g/d）
首乌藤	蓼科	89.03	16.65	46.26	38.00	41.77	3.71	0.10	9.44	34.85	63.87	49.43	0.551 9	52.58	33.58	30.22
酸模	蓼科	89.52	23.36	49.53	41.01	35.33	3.54	2.46	10.78	30.41	57.82	58.03	0.487 7	68.35	39.52	35.57
白叶莓	蔷薇科	89.07	14.92	57.77	37.58	25.20	3.58	0.92	10.34	55.55	70.07	65.11	0.538 2	47.64	33.38	30.04
缫丝花	蔷薇科	89.10	15.04	49.86	41.30	32.06	3.65	0.55	10.26	47.79	51.12	59.21	0.499 0	43.70	22.34	20.11
野蔷薇	蔷薇科	89.15	15.34	53.19	38.63	30.40	3.59	3.26	10.02	29.32	69.09	54.98	0.524 8	47.65	32.92	29.63
小果蔷薇	蔷薇科	88.09	5.44	37.62	64.55	39.09	3.74	11.10	10.61	32.14	69.59	50.58	0.327 2	10.11	7.04	6.33
野樱桃	蔷薇科	89.78	17.01	57.88	28.55	22.43	3.57	1.68	10.51	46.47	51.44	65.32	0.706 1	71.50	36.78	33.10
倒钩刺	蔷薇目	88.11	10.25	57.36	35.00	30.28	3.80	1.29	10.30	26.99	64.76	41.41	0.613 6	35.14	22.76	20.48
野大豆	蔷薇目	88.61	10.89	46.64	57.14	40.97	3.85	7.18	10.81	46.14	51.80	63.15	0.381 1	22.87	11.85	10.66
金银花	忍冬科	89.06	13.48	46.08	42.01	37.42	3.65	1.92	9.53	49.65	55.67	67.28	0.491 2	38.51	21.44	19.29
糯米果	忍冬科	89.92	11.02	53.84	41.78	37.54	3.69	0.23	9.63	54.65	56.58	58.98	0.498 8	31.65	17.91	16.12
南方荚蒾	忍冬科	89.34	15.46	51.41	46.16	44.14	3.84	2.89	9.92	53.83	68.75	54.72	0.470 0	40.19	27.63	24.87
竹叶柴胡	伞形科	89.61	28.55	44.35	38.30	27.20	3.33	1.98	9.48	63.01	72.00	65.50	0.490 9	89.45	64.41	57.96
地果	桑科	89.07	7.84	43.92	45.71	42.54	3.27	4.15	10.33	43.74	65.55	55.22	0.404 2	20.58	13.49	12.14

（续表）

牧草名称	科属	DM（%）	CP（%）	NFE（%）	NDF（%）	ADF（%）	GE（Mcal/kg）	CNC-PST	CNC-PSN	DDM（%）	DCP（%）	DNDF（%）	MeI（Mcal/d）	CPI（g/d）	DCPI（g/d）	MCP（g/d）
楮	桑科	89.21	24.45	47.22	36.21	26.79	3.40	1.82	10.65	72.69	56.78	64.82	0.7178	109.52	62.18	55.97
蔊菜	十字花科	89.52	27.07	36.06	38.88	19.99	2.78	1.66	10.74	56.52	54.10	71.21	0.4042	83.55	45.20	40.68
豆瓣菜	十字花科	88.07	18.26	45.51	23.87	20.26	2.47	2.33	8.25	64.97	43.67	65.89	0.5856	91.80	40.09	36.08
繁缕	石竹科	89.78	11.18	42.41	40.17	29.11	2.84	4.89	8.26	57.49	52.28	55.17	0.3996	33.40	17.46	15.71
竹节草	石竹科	89.15	11.98	44.41	60.65	37.72	3.39	10.77	10.78	47.77	61.63	50.62	0.3156	23.70	14.61	13.15
异叶鼠李	鼠李科	89.69	6.41	46.41	49.87	41.29	3.71	3.41	10.82	35.03	61.39	53.38	0.4209	15.42	9.47	8.52
马尾松	松科	89.25	11.43	48.75	61.66	47.54	4.01	13.60	11.22	20.86	63.26	44.13	0.3681	22.24	14.07	12.66
贵州金丝桃	藤黄科	88.04	4.40	37.51	47.86	35.27	3.88	8.55	11.20	35.74	52.97	58.41	0.4586	11.03	5.84	5.26
红泡刺藤	五福花科	89.42	18.06	46.38	46.31	39.63	3.93	4.56	9.69	42.87	65.94	54.31	0.4800	46.80	30.86	27.77
烟管荚蒾	五福花科	89.07	7.43	49.15	52.84	38.40	3.67	3.76	10.57	50.65	58.45	50.38	0.3928	16.87	9.86	8.88
白栎	五加科	89.35	8.85	56.63	43.60	40.75	3.54	0.67	9.42	42.77	32.85	50.53	0.4596	24.36	8.00	7.20
刺楸	五加科	89.62	19.68	50.47	35.80	30.93	3.62	0.96	10.32	23.13	46.38	55.83	0.5713	65.97	30.60	27.54
灰藜	苋科	90.17	19.45	42.83	34.45	26.18	2.82	0.92	9.63	53.08	49.71	59.53	0.4625	67.75	33.68	30.31
莲子草	苋科	90.31	22.08	35.63	38.08	29.41	2.83	0.71	10.65	78.41	59.73	68.97	0.4202	69.58	41.56	37.40

（续表）

牧草名称	科属	DM（%）	CP（%）	NFE（%）	NDF（%）	ADF（%）	GE（Mcal/kg）	CNC-PST	CNC-PSN	DDM（%）	DCP（%）	DNDF（%）	MeI（Mcal/d）	CPI（g/d）	DCPI（g/d）	MCP（g/d）
牵牛花	旋花科	89.05	12.16	47.97	42.72	40.33	3.32	0.68	10.57	60.40	44.07	62.80	0.439 5	34.16	15.05	13.55
长叶水麻	荨麻科	89.88	26.21	48.44	41.78	37.40	3.43	2.42	12.76	49.23	57.91	49.87	0.464 8	75.28	43.59	39.24
水柳	杨柳科	88.36	20.71	51.97	28.26	24.38	3.74	4.59	2.90	50.39	45.15	58.80	0.748 4	87.94	39.71	35.73
榆树	榆科	89.08	16.78	64.81	33.70	28.63	3.82	5.94	10.62	53.03	58.87	63.16	0.641 3	59.75	35.18	31.66
野花椒	芸香豆科	89.26	12.31	59.03	28.04	21.89	3.63	0.60	6.96	43.21	59.90	68.22	0.732 6	52.69	31.56	28.41
金刚藤	百合科	88.98	10.66	56.63	50.05	44.77	3.86	1.83	9.99	58.83	47.77	46.07	0.436 3	25.56	12.21	10.99
过路黄	报春花科	89.72	9.52	58.78	41.55	29.91	3.83	1.64	11.04	45.26	71.39	49.77	0.521 3	27.49	19.63	17.67
车前草	车前科	89.06	14.81	50.29	37.02	34.74	3.02	3.00	9.65	51.31	43.41	58.83	0.460 6	48.01	20.84	18.76
荨麻	大戟科	89.29	25.20	42.19	45.88	42.00	2.87	3.31	9.64	60.45	55.37	70.02	0.353 5	65.91	36.49	32.85
黄花木	蝶形花科	89.15	10.06	46.92	59.12	41.51	3.93	9.38	10.43	28.38	65.95	42.24	0.376 2	20.42	13.47	12.12
小叶杜鹃	杜鹃花科	89.10	9.34	53.97	54.43	50.61	3.78	5.43	11.09	42.25	42.38	52.73	0.392 3	20.59	8.73	7.85
杜仲叶	杜仲科	88.62	13.31	59.38	40.23	38.80	3.53	0.60	9.71	36.74	72.19	59.15	0.495 8	39.70	28.66	25.79
合欢树	含羞草科	89.72	15.92	49.18	45.50	28.54	3.71	0.47	11.04	56.64	54.01	53.47	0.461 3	41.99	22.68	20.41
化香	胡桃科	88.26	15.59	61.06	34.93	30.87	3.67	0.10	9.79	30.63	62.25	58.07	0.593 6	53.56	33.34	30.01

（续表）

牧草名称	科属	DM (%)	CP (%)	NFE (%)	NDF (%)	ADF (%)	GE (Mcal/kg)	CNC-PST	CNC-PSN	DDM (%)	DCP (%)	DNDF (%)	MeI (Mcal/d)	CPI (g/d)	DCPI (g/d)	MCP (g/d)
小叶黄杨	黄杨科	88.97	17.99	45.82	48.16	36.64	3.65	6.10	9.76	36.17	64.22	49.62	0.4290	44.83	28.79	25.91
藤三七	落葵科	87.10	16.91	39.80	53.43	33.85	2.91	0.54	9.56	37.46	53.80	47.18	0.3081	37.98	20.43	18.39
黄荆	马鞭草科	89.52	13.62	52.78	42.85	35.93	3.81	0.92	10.82	60.80	61.22	49.25	0.5024	38.14	23.35	21.02
密蒙花	马钱科	89.79	12.04	53.04	41.63	33.94	3.78	1.14	10.62	61.78	59.93	71.12	0.5131	34.71	20.80	18.72
马桑	马桑科	90.71	16.25	61.41	30.47	22.58	3.86	4.00	10.71	42.47	61.64	37.61	0.7166	64.00	39.45	35.50
小木通	毛茛科	87.95	11.77	48.62	42.48	31.13	3.54	1.67	11.07	35.24	65.35	56.16	0.4714	33.25	21.73	19.56
小叶女贞	木犀科	89.13	11.52	55.53	27.66	25.78	3.67	1.05	5.66	57.18	50.44	65.60	0.7508	49.98	25.21	22.69
木贼	木贼科	89.88	10.82	42.46	42.07	37.85	2.34	5.33	9.83	50.54	59.87	52.51	0.3144	30.86	18.48	16.63
盐肤木	漆树科	89.71	8.92	31.15	33.7	32.33	3.43	9.31	5.91	42.79	49.93	60.98	0.5754	31.76	15.86	14.27
枫香树	乔木	89.27	21.81	50.77	34.67	28.12	3.38	0.97	10.47	76.48	61.01	69.18	0.5511	75.49	46.06	41.45
洋芋叶	茄科	89.16	29.02	40.03	32.19	22.59	3.25	3.89	6.22	79.70	66.49	70.10	0.5709	108.18	71.93	64.74

DM 瘤胃降解参数 c 平均值从小到大依序为：蓼科（0.035 3）<其他科属（0.048 3）<菊科（0.050 1）<豆科（0.050 2）<蔷薇科（0.054 4）<禾本科（0.063 7）。DM 瘤胃降解参数 a、b 及有效降解率 ED 平均值从小到大依序均为：禾本科<蓼科<蔷薇科<其他科属<豆科<菊科。

表 7-10　不同时段各科属牧草 DM 降解率及降解参数平均值

科属	不同时段 DM 降解率（%）								DM 瘤胃降解参数及有效降解率			
	0h	4h	8h	16h	24h	48h	72h	96h	a（%）	b（%）	c（h）	ED（%）
禾本科	7.44	13.79	17.95	23.95	30.12	40.57	45.74	48.09	9.26	38.83	0.063 7	38.61
豆科	8.92	26.07	32.10	38.63	44.78	56.39	62.56	65.70	17.52	48.18	0.050 2	50.67
蓼科	9.75	21.91	23.71	29.31	36.16	48.27	52.08	55.55	15.00	40.55	0.035 3	40.03
菊科	7.69	20.83	26.17	35.00	42.63	53.79	63.32	66.53	14.96	51.57	0.050 1	51.13
蔷薇科	9.16	20.19	25.82	30.73	36.91	47.01	52.80	55.10	13.29	41.82	0.054 4	41.63
其他科	8.44	21.66	27.16	34.58	41.76	54.34	62.08	65.52	14.36	51.27	0.048 3	49.78

如图 7-1 所示，随着在瘤胃培养时间的延长，DM 瘤胃降解率显著增加，其中，0~48h 增加较快，48~72h 增加较慢，72~96h 增加不明显。

如表 7-11 所示，各科属野生牧草 0~8h 各时间段 CP 瘤胃降解率平均值从小到大依序均为：禾本科<其他科属<菊科<蔷薇科<蓼科<豆科；16~48h 各时间段 CP 瘤胃降解率平均值从小到大依序均为：禾本科<其他科属<蓼科<蔷薇科<菊科<豆科；72~96h 各时间段 CP 瘤胃降解率平均值从小到大依序均为：蓼科<其他科属<禾本科<蔷薇科<菊科<豆科。

CP 瘤胃降解参数 a 平均值从小到大依序为：禾本科<其他科属<菊科<蔷薇科<蓼科<豆科；CP 瘤胃降解参数 b 平均值从小到大依序

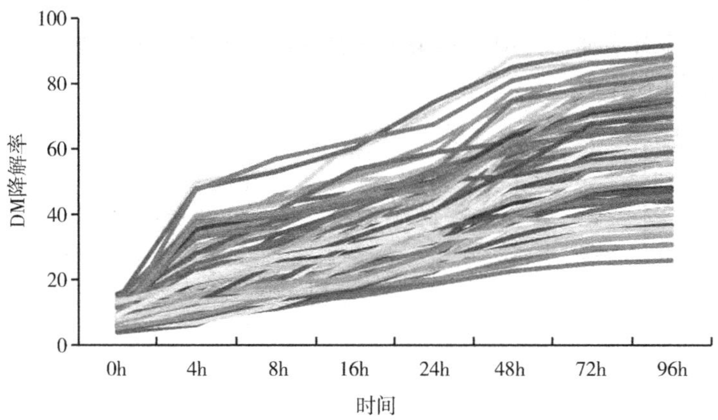

图 7-1　不同时间段牧草 DM 瘤胃降解趋势

为：蓼科<其他科属<豆科<蔷薇科<菊科<禾本科；CP 瘤胃降解参数 c 平均值从小到大依序为：其他科属<禾本科<菊科<蔷薇科<蓼科<豆科；CP 瘤胃有效降解率 ED 平均值从小到大依序为：豆科<蓼科<其他科属<蔷薇科<菊科<禾本科。

表 7-11　不同时段各科属牧草 CP 降解率及降解参数平均值

科属	不同时段 CP 降解率（%）								CP 瘤胃降解参数及有效降解率			
	0h	4h	8h	16h	24h	48h	72h	96h	a（%）	b（%）	c（h）	ED（%）
禾本科	16.35	21.94	30.07	40.38	51.16	60.72	66.07	69.35	19.45	49.45	0.064 6	59.200
豆科	19.14	28.27	35.57	46.06	55.46	62.88	68.50	71.90	25.75	46.32	0.065 6	55.699
蓼科	18.82	25.62	34.39	43.56	51.82	59.43	64.81	68.60	23.00	45.60	0.065 4	56.367
菊科	17.75	25.11	32.82	43.22	53.31	61.80	67.29	70.63	22.60	47.89	0.065 1	57.450
蔷薇科	18.10	25.28	33.34	43.33	52.81	61.01	66.46	69.95	22.73	47.12	0.065 2	57.089
其他科	17.32	24.74	32.60	42.48	51.34	60.30	65.15	68.28	22.05	46.21	0.064 1	57.088

如图 7-2 所示，随着在瘤胃培养时间的延长，野生牧草 CP 瘤胃降解率显著增加，其中，0~48h 增加较快，48~72h 增加较慢，72~96h 增加不明显。

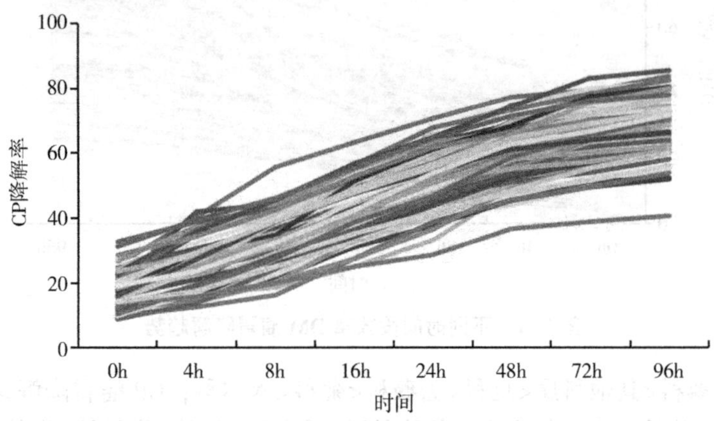

图 7-2　不同时间段牧草 CP 瘤胃降解趋势

如表 7-12 所示，0h NDF 瘤胃降解率平均值从小到大依序为：禾本科（10.31%）<蔷薇科（17.34%）<蓼科（17.37%）<其他科属（17.42%）<菊科（18.36%）<豆科（19.42%）；4~96h 各时间段 NDF 瘤胃降解率平均值从小到大依序均为：禾本科（39.28%）<蓼科（42.33%）<菊科（43.05%）<其他科属（45.06%）<蔷薇科（45.89%）<豆科（49.46%）。

NDF 瘤胃降解参数 a 和有效降解率 ED 平均值从小到大依序为：禾本科（31.43%）<蓼科（36.60%）<菊科（37.50%）<其他科属（39.28%）<蔷薇科（40.49%）<豆科（42.75%）；参数 b 平均值从小到大依序为：蔷薇科（39.75%）<蓼科（40.62%）<禾本科（40.80%）<菊科（41.72%）<其他科属（43.13%）<豆科（43.93%）；参数 c 平均值从小到大依序为：蓼科（0.100 4%）<蔷薇科（0.103 2%）<菊科（0.104 8%）<其他科属（0.108 3%）<豆科（0.110 7%）<禾本科（0.119 1%）。

表 7-12 不同时段各科属牧草 NDF 降解率及降解参数平均值

科属	不同时段 NDF 瘤胃降解率（%）								NDF 瘤胃降解参数及有效降解率			
	0h	4h	8h	16h	24h	48h	72h	96h	a（%）	b（%）	c（h）	ED（%）
禾本科	10.31	16.63	22.90	30.18	36.64	48.54	52.33	54.80	14.00	40.80	0.1191	48.85
豆科	19.42	27.21	33.67	42.59	49.01	60.48	65.19	68.10	24.17	43.93	0.1107	61.33
蓼科	17.37	22.14	29.07	35.56	40.52	52.09	56.65	60.28	19.67	40.62	0.1004	53.52
菊科	18.36	22.45	28.26	35.38	41.03	53.81	58.69	61.72	20.00	41.72	0.1048	54.99
蔷薇科	17.34	26.46	31.17	38.16	44.51	56.39	60.92	63.60	23.86	39.75	0.1032	57.11
其他科	17.42	23.67	29.93	37.72	44.19	56.71	61.22	64.39	21.14	43.13	0.1083	57.42

如图 7-3 所示，随着在瘤胃培养时间的延长，野生牧草 NDF 瘤胃降解率显著增加，其中，0～24h 增加较快，24～48h 增加较慢，48～72h 增加减慢，72～96h 增加不明显。

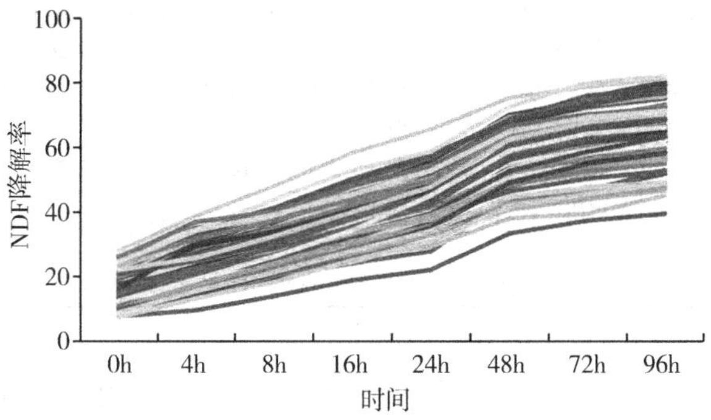

图 7-3 不同时间段牧草 NDF 瘤胃降解趋势

第五节 贵州黑山羊养殖几种精饲料及人工种植牧草营养价值

在国家重点研发计划（2018YFD0501902）、贵州省科技计划

（黔科合服企〔2020〕4009）、肉羊培育与产业化学科团队建设项目（黔牧医所团队培育〔2018〕03 号）等项目的资助下，本研究团队测定了玉米、麦麸、豆粕、菜籽粕 4 种贵州黑山羊养殖常用精饲料，紫花苜蓿（盛花期）、白三叶（盛花期）、扁穗牛鞭草（生长期）、多年生黑麦草、黑麦草（抽穗期）+白三叶（盛花期）、黑麦草+白三叶（结实期）常用人工种植牧草营养成分，并测定了以上饲草料在贵州黑山羊瘤胃中的降解率。贵州黑山羊养殖 4 种精饲料及部分人工种植牧草营养价值见表 7-13。

表 7-13　贵州黑山羊养殖 4 种精饲料及部分人工种植牧草营养价值

饲料名称		DM（%）	主要营养成分含量（干物质基础，%）					
			OM	CP	NDF	ADF	EE	CF
能量饲料	玉米	88.82	98.10	9.13	13.19	7.34	3.72	2.16
	麦麸	90.95	90.25	16.78	36.57	4.31	3.74	10.19
蛋白饲料	豆粕	90.44	93.45	42.22	11.18	5.68	1.21	4.64
	菜籽粕	92.10	92.10	35.75	23.30	16.69	11.23	10.35
豆科牧草	紫花苜蓿（盛花期）	91.68	92.35	21.07	42.89	29.56	2.26	27.14
	白三叶（盛花期）	91.75	90.63	25.06	38.69	21.15	4.26	12.30
禾本科牧草	扁穗牛鞭草（生长期）	91.51	92.24	13.64	52.95	28.42	4.76	32.34
	多年生黑麦草	91.96	90.74	14.41	45.71	25.78	3.97	27.79
混合牧草	黑麦草（抽穗期）+白三叶（盛花期）	89.49	91.54	18.76	39.97	17.68	3.75	24.58
	黑麦草+白三叶（结实期）	91.16	90.82	17.62	49.63	24.96	3.47	34.92

贵州黑山羊养殖 4 种精饲料干物质在山羊瘤胃内不同时段的瘤胃降解率见表 7-14。

表 7-14　精料的 DM 在山羊瘤胃内不同时段的瘤胃降解率

精料名称		不同时段 DM 的降解率（%）						
		0h	2h	4h	8h	12h	24h	48h
能量饲料	玉米	8.97±0.26	18.24±0.05	23.01±1.77	28.23±0.77	33.68±2.46	46.77±1.36	68.45^{b}±0.11
	麦麸	22.12±0.81	34.85±1.36	42.05±1.94	49.77±0.91	55.46±0.46	59.78±1.32	64.67^{b}±1.97

（续表）

精料名称		不同时段 DM 的降解率（%）						
		0h	2h	4h	8h	12h	24h	48h
蛋白饲料	豆粕	27.53±0.46	34.41±1.90	41.55±3.15	45.02±4.44	54.44±9.23	65.73±10.67	86.47[a]±6.31
	菜籽粕	21.18±0.34	24.53±1.76	28.67±2.29	32.57±1.82	38.04±4.54	45.62±2.63	63.43[b]±3.15

贵州黑山羊养殖能量和蛋白饲料干物质在山羊瘤胃内降解率曲线见图 7-4。

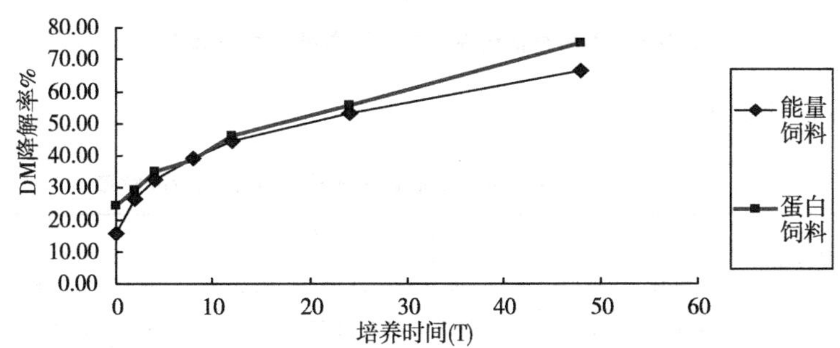

图 7-4　不同类精料在山羊瘤胃内干物质降解曲线

贵州黑山羊养殖 4 种精料蛋白质在山羊瘤胃降解率见表 7-15，降解曲线见图 7-5。

表 7-15　精料的 CP 在山羊瘤胃内不同时段的瘤胃降解率

精料名称		不同时段 CP 的降解率（%）						
		0h	2h	4h	8h	12h	24h	48h
能量饲料	玉米	8.57±0.02	18.78±2.45	20.66±0.67	24.76±4.70	35.40±3.54	43.96±2.53	48.48[c]±0.72
	麦麸	15.99±0.07	36.10±3.02	49.89±1.09	62.97±2.70	72.98±0.29	78.67±6.27	85.37[a]±2.58
蛋白饲料	豆粕	21.38±0.12	33.75±1.79	41.45±5.25	44.11±6.55	57.13±12.77	69.60±17.27	81.29[ab]±9.64
	菜籽粕	11.19±0.14	25.18±1.85	30.17±2.86	35.13±0.22	40.90±5.1	50.00±2.38	66.66[b]±3.61

注：表中数据为平均值±标准差；同列数据中肩标相同字母（含两个字母肩标有一个相同字母）者表示差异不显著（$P>0.05$），肩标不同字母表示差异显著（$P<0.05$）。

贵州黑山羊养殖 4 种精料有机物在山羊瘤胃降解率见表 7-16，

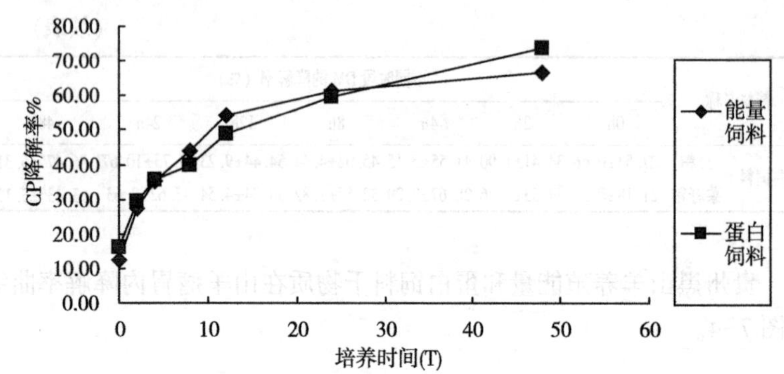

图 7-5　不同类精料在山羊瘤胃内蛋白质降解曲线

降解曲线见图 7-6。

表 7-16　精料的 OM 在山羊瘤胃内不同时段的瘤胃降解率

精料名称		不同时段 OM 的降解率（%）						
		0h	2h	4h	8h	12h	24h	48h
能量饲料	玉米	42.61±0.08	42.63±0.02	42.79±0.16	44.65±2.37	45.27±3.17	47.53±1.31	62.31^{b}±0.11
	麦麸	44.38±0.12	61.02±0.93	62.87±2.59	64.73±3.61	68.52±3.16	75.22±2.10	77.79^{a}±3.67
蛋白饲料	豆粕	44.76±0.05	51.72±1.19	57.76±5.50	63.68±3.07	67.98±0.94	73.12±6.79	82.08^{a}±5.54
	菜籽粕	44.59±0.02	45.06±0.21	46.41±1.17	48.98±1.23	55.91±1.54	61.97±2.70	65.69^{b}±4.40

注：表中数据为平均值±标准差；同列数据中肩标相同字母者表示差异不显著（$P>0.05$），肩标不同字母表示差异显著（$P<0.05$）。

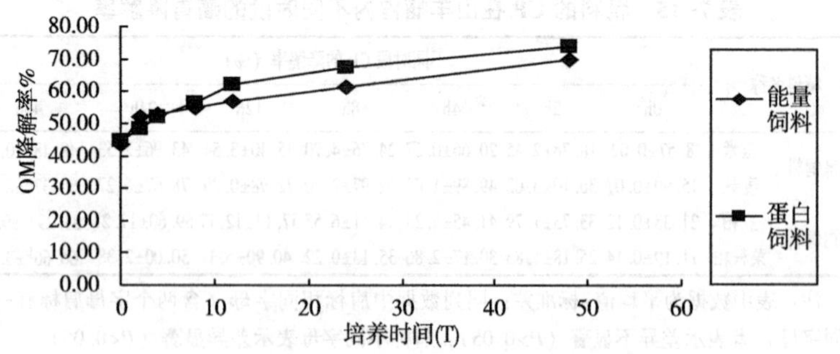

图 7-6　不同类精料在山羊瘤胃内有机物降解曲线

贵州黑山羊养殖部分人工种植牧草干物质在山羊瘤胃降解率见表7-17，降解曲线见图7-7。

表7-17　牧草的DM在山羊瘤胃内不同时段的瘤胃降解率

牧草名称		不同时段DM的降解率（%）						
		0h	4h	8h	12h	24h	48h	72h
豆科牧草	紫花苜蓿（盛花期）	26.87±0.27	27.34±0.08	29.78±0.50	37.08±5.50	51.19±0.21	65.15±5.88	71.85[b]±2.45
	白三叶（盛花期）	30.38±0.92	39.37±0.04	48.04±2.17	50.70±2.29	53.85±2.09	73.95±7.94	86.42[a]±2.67
禾本科牧草	扁穗牛鞭草（生长期）	12.88±0.42	15.55±2.03	20.68±2.54	27.27±2.08	34.22±3.27	43.25±4.83	55.23[c]±7.86
	多年生黑麦草	23.25±0.45	25.48±0.26	28.58±0.57	33.70±0.85	38.84±2.02	49.76±7.09	59.56[c]±1.06
混合牧草	黑麦草（抽穗期）+白三叶（盛花期）	20.66±0.33	29.13±2.09	34.28±2.05	38.10±0.40	44.39±0.24	63.23±3.61	78.98[ab]±1.24
	黑麦草+白三叶（结实期）	21.34±0.63	23.37±0.57	25.75±0.83	30.24±0.69	36.27±0.40	43.96±0.83	54.20[c]±3.34

注：表中数据为平均值±标准差；同列数据中肩标相同字母（含两个字母肩标有一个相同字母）者表示差异不显著（$P>0.05$），肩标不同字母表示差异显著（$P<0.05$）。

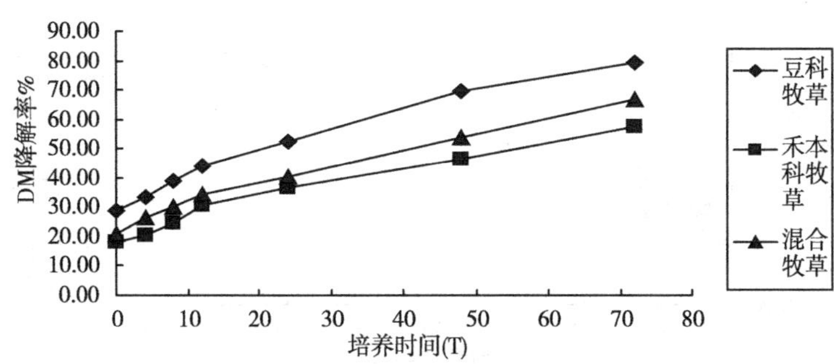

图7-7　部分牧草在山羊瘤胃内干物质降解曲线

贵州黑山羊养殖部分人工种植牧草蛋白质在山羊瘤胃降解率见表 7-18，降解曲线见图 7-8。

表 7-18　牧草的 CP 在山羊瘤胃内不同时段的瘤胃降解率

牧草名称		不同时段 CP 的降解率（%）						
		0h	4h	8h	12h	24h	48h	72h
豆科牧草	紫花苜蓿（盛花期）	20.23±0.05	26.12±1.54	32.01±2.57	39.16±2.66	50.22±3.03	67.30±4.83	82.61^{a}±2.97
	白三叶（盛花期）	19.95±0.70	22.65±0.60	34.42±4.57	39.97±5.21	45.66±6.64	65.69±7.84	87.91^{a}±4.36
禾本科牧草	扁穗牛鞭草（生长期）	12.93±0.14	28.77±4.19	31.95±0.79	40.97±0.78	47.17±0.08	54.90±8.23	62.95^{bc}±7.81
	多年生黑麦草	14.16±0.60	32.96±0.72	37.91±4.25	44.86±7.41	49.08±8.94	58.21±3.37	66.34^{b}±4.93
混合牧草	黑麦草（抽穗期）+白三叶（盛花期）	16.55±0.02	25.33±0.78	29.75±2.07	34.60±3.66	40.79±0.69	63.27±7.29	80.03^{b}±2.05
	黑麦草+白三叶（结实期）	16.17±0.05	20.23±0.03	22.67±0.88	25.51±2.89	27.76±2.54	34.20±4.36	51.78^{c}±3.07

注：表中数据为平均值±标准差；同列数据中肩标相同字母（含两个字母肩标有一个相同字母）者表示差异不显著（$P>0.05$），肩标不同字母表示差异显著（$P<0.05$）。

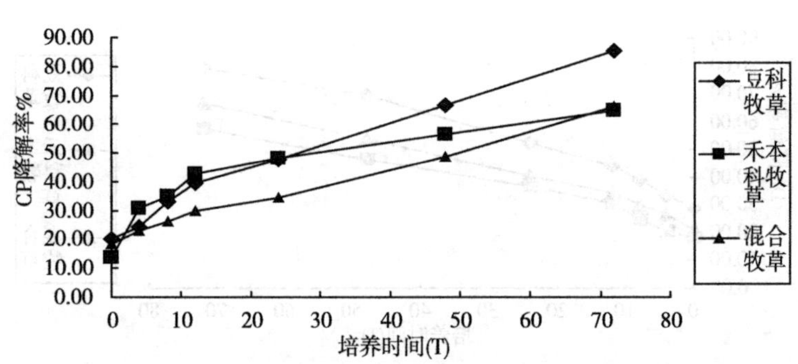

图 7-8　不同类牧草在山羊瘤胃内蛋白质降解曲线

贵州黑山羊养殖部分人工种植牧草有机物在山羊瘤胃降解率见表 7-19，降解曲线见图 7-9。

表 7-19　牧草的 OM 在山羊瘤胃内不同时段的瘤胃降解率

牧草名称		不同时段 OM 的降解率（%）						
		0h	4h	8h	12h	24h	48h	72h
豆科牧草	紫花苜蓿（盛花期）	45.99±0.01	47.80±0.42	48.25±0.49	49.85±0.79	54.37±2.73	68.95±5.79	77.42^{b}±4.78
	白三叶（盛花期）	44.29±0.02	52.55±0.53	56.92±0.24	64.33±6.05	69.64±0.66	74.65±2.23	87.72^{a}±1.16
禾本科牧草	扁穗牛鞭草（生长期）	42.58±0.06	42.99±0.41	43.27±0.11	43.59±0.04	45.13±2.02	53.22±0.19	67.22^{c}±2.58
	多年生黑麦草	42.55±0.12	44.24±0.38	44.32±0.48	45.37±0.64	49.32±5.69	56.90±2.65	61.32^{d}±0.47
混合牧草	黑麦草（抽穗期）+白三叶（盛花期）	41.14±0.14	41.82±0.85	53.23±0.12	58.26±4.07	64.21±5.64	67.74±4.92	75.05^{b}±1.57
	黑麦草+白三叶（结实期）	41.82±0.07	41.92±0.08	42.12±0.06	43.57±0.52	45.28±0.09	47.68±1.60	59.03^{d}±0.90

注：表中数据为平均值±标准差；同列数据中肩标相同字母者表示差异不显著（$P>0.05$），肩标不同字母表示差异显著（$P<0.05$）。

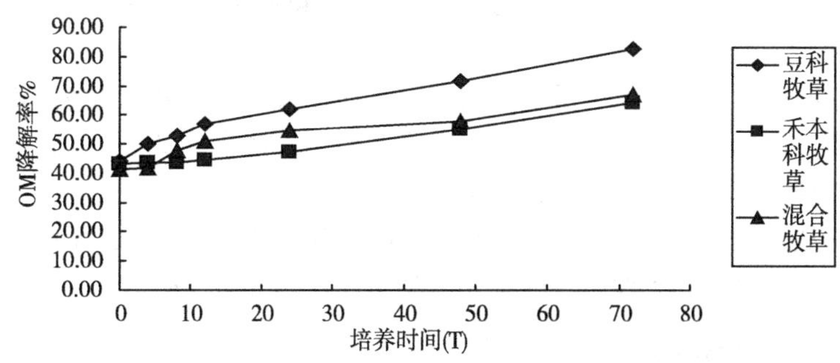

图 7-9　不同类牧草在山羊瘤胃内有机物降解曲线

第八章　优质青贮饲料制作技术

青贮饲料适口性好、易消化，营养丰富，调制方便又耐久贮，还是各种粗饲料加工调制中营养物质损失最少的保存方法（约能保存83%的营养），并可解决冬季青饲料供应不足的问题。全株玉米青贮的营养价值明显高于秸秆黄贮，因此，建议养殖户制作全株玉米青贮。

青贮玉米是将新鲜的全株玉米或青绿玉米秸，切碎装入青贮设备（如青贮窖、青贮塔等）内，隔绝空气，在厌氧条件下，使乳酸菌大量繁殖，从而将饲料中的淀粉和可溶性糖变成乳酸，当乳酸积累到一定浓度后，便抑制霉菌和腐败菌的生长，pH 值降到 4.2 以下时可以把青饲料中的养分长时间地保存下来。此时的青贮饲料具有特殊气味，基本上保持了青绿饲料原有的一些特点，使家畜在枯草季节也能吃到青绿饲料，故有“草罐头”之称。

第一节　调制优质青贮饲料的条件

制作玉米青贮的关键在于创造适宜的厌氧条件，保证乳酸菌迅速繁殖，以产生足够的乳酸，抑制有害菌繁殖，杜绝腐败发酵，否则就会影响青贮料品质，降低营养价值和适口性。

从青饲料到青贮饲料，必须经过呼吸与发酵两个过程，了解并创造这两个过程的条件，就能制作出品质优良的青贮饲料。

一、呼吸过程

刚收割的青贮原料细胞并未死亡，它利用青贮原料内残留空气中的氧气进行呼吸，结果势必消耗大量糖分产生热，使窖内温度达到70℃以上。此时，大量好气性细菌和真菌滋生，使青贮作物霉烂变质。所以，在青贮过程中，一定要将青贮料压实，以减少其中的空气，控制呼吸作用的进行。

二、发酵过程

封闭好的青贮，在厌气性细菌的作用下，主要产生乳酸、醋酸（乙酸）和酪酸（丁酸）3 种酸，这 3 种酸是糖分别在不同的细菌作用下产生的。虽然醋酸和酪酸在发酵过程中也起一些作用，但有很强的刺激气味，应尽量减少这两种酸的产生。最好的是乳酸，使青贮饲料有浓郁的酒香气味。质量好的青贮饲料，1kg 干物质中含有 80g 乳酸。乳酸越多，则 pH 值越低，其他细菌就越少。最后在 pH 值 3.5～4.2 的环境中，乳酸菌的繁殖被自身产生的酸所抑制，达到稳定状态，这时的青贮料质量最好，并可较长时期保存。

乳酸菌发酵需要有 1%～2%的糖分（禾本科植物都能满足此条件）；60%～70%的水分（最低不能少于 55%）；35℃以下的温度。达到这 3 个条件的最基本要求是，收割快、切割短、入窖速、压得实、封窖严。

第二节　青贮设备

一、青贮窖

有圆形、长方形、地上、地下、半地下等多种形式。依建筑材料，有土窖、砖窖、石头窖。青贮窖要选择在地下水位低、干燥的地方。我国北方规模奶羊场多用长方形窖。长方形窖四角尽量呈圆形，便于青贮原料下沉，排出残留空气。内壁要求有一斜度，口大底小，便于压实和防窖壁倒塌、窖底部设有排水沟，以利于排水。

青贮窖的宽深取决于每日饲喂的青贮量，通常以每日取料的挖进量不少于15cm为宜；为便于操作，窖的上口宽不宜超过7m。在宽度和深度确定后，根据青贮需要量，按下列公式计算出青贮窖的长度和窖的容积，并可根据窖容积和青贮原料容重（表8-1）计算出青贮饲料重量。

窖长（m）=青贮需要量（kg）÷｛［上口宽（m）+下底宽（m）］÷2×深度（m）×每立方米原料重量（kg）｝

圆形青贮窖容积（m^3）=3.14×［青贮窖直径（m）的平方］÷4×青贮窖高度（m）

长方形青贮窖容积（m^3）=［上口宽（m）+下口宽（m）］÷2×窖深（m）×窖长（m）

表8-1　玉米青贮原料容重　（kg/m^3）

原料	铡得细碎		铡得较粗	
	制作时	利用时	制作时	利用时
玉米秸	450~500	500~600	400~450	450~550
全株玉米	500~550	650~700	450~500	600~650

二、青贮塔

是用钢筋、水泥、砖砌成的永久性建筑物，青贮塔呈圆筒形，上部有锥形顶盖，防止雨水淋入，其建造成本较高。一般上、中、下各开1个窖口，便于存取青贮料。青贮塔大小高低，以饲养家畜的多少、冬春季长短和有无多汁饲料而定。如6~8m高的青贮塔，平均可容纳青贮料650~700kg/m^3。

三、塑料袋青贮

制作玉米青贮饲料还可用塑料袋，一般选用1m宽0.08~0.10mm厚的塑料薄膜，太薄容易破口使青贮失败，做成1.7~2m的袋子。

四、机械包膜青贮

包括压捆机和包膜机。

五、其他方式青贮

制作玉米青贮饲料还有半地上式、地面堆贮等方法。

第三节　优质全株青贮玉米调制

一、适宜的收割期和原料含水量

青贮原料过早刈割，水分多，不易贮存，过晚刈割，营养价值降低。只有适时收割，不含土沙、枯草、杂草、杂质等异物的青贮原料才是优质的。全株玉米应在乳熟期至蜡熟期收割，即籽实含水分43%~60%。秸秆青贮时，收获果穗后的玉米秸上能保留1/2的绿色叶片，应尽快青贮。

青贮原料的含水量在65%~75%时制作的青贮饲料质量最佳，也适合长期保存。若含水量在70%以上，则由于汁液的流失易造成养分的损失、增加青贮玉米的酸度，进而造成家畜干物质采食量下降。玉米青贮原料中含水量的简易判断法见表8-2。

表8-2　玉米青贮原料中含水量的简易判断

用手用力挤压原料	水分含量（%）
水很易挤出，饲料成形	超过80
水刚能挤出，饲料成形	75~80
只能少许挤出一点水（或无法挤出），但饲料成形	70~75
无法挤出水，饲料慢慢分开	60~70
无法挤出水，饲料很快分开	小于60

调节青贮原料中水分的办法有：水分少时，在青贮时均匀喷入适量清水，或加入一定数量的多汁饲料。水分过多，则加入干草或糠吸收水分，或将原料在日光下晾晒。

二、原料中的糖分

玉米青绿秸秆在含糖量方面均能达到乳酸菌良好发酵的需要。

三、无氧（厌气）环境的创造

为及早创造无氧环境，在制作玉米青贮的整个操作过程中主要采取以下措施。

（1）切短。一般建议制作青贮的全株玉米秸秆切短至 0.94cm 左右，根据全株玉米及玉米籽实的含水量、玉米品种等，切割长短可适当变化，范围为 0.63～1.25cm。较短的青贮有利于提高奶羊的消化率。玉米芯和玉米籽实要切更短一些。

（2）快装压紧。在调制青贮料的过程中，必须抓紧时间，集中人力、机具，搞突击，缩短原料在空气中暴露的时间，填装越快越好。否则会导致营养受损，引起杂菌繁殖，致使青贮料品质下降。青贮窖青贮：如是土窖，四壁和底部要衬上塑料薄膜，先在窖底铺一层 10cm 厚的干草，以便吸收青贮液汁，然后把铡短的原料逐层装入压实。永久性窖可直接装填。由于封窖数天后，青贮料会下沉，因此最后一层应高出窖口 1m 左右。青贮塔青贮：把铡短的原料迅速用机械送入塔内，利用其自然沉降将其压实。塑料袋青贮：将铡短的原料及时装入塑料袋内，逐层压实，尤其注意四角要压紧。机械包膜青贮：用专用机械将切碎的原料打成捆状并包膜贮存。地面堆贮：先按设计好的堆形用木板隔挡四周，地面铺 10cm 厚的湿麦秸，然后将铡短的原料装入，并随时踏实。达到要求高度后，拆去围板。

（3）封严。不论青贮容器是何种式样，在原料装完后必须及时封闭，隔绝空气。窖装满后应立即修整，并覆盖塑料薄膜，然后马上压土封窖。封窖一般分两次进行，第一次在窖装满后立即进行。第二次隔5~7d再进行。两次压土不宜少于30cm，且必须高出四周地面，防止雨水灌入，贮后20d内还应经常检查是否由于原料下沉而产生裂缝，必须及时填平，四周要留有排水沟。青贮塔可在原料上面盖塑料薄膜，然后上压余草。

总结青贮饲料制作的要点，就是要做到“六随三要”。六随是指随收、随运、随铡、随装、随踏、随封；三要是指要铡短、要压紧、要封严。

四、青贮添加剂的使用

青贮发酵是一个难以控制的过程，发酵可使饲料的养分保存量降低；在制作玉米青贮饲料时添加青贮添加剂可以改善青贮过程，提高青贮质量。

(1) 发酵刺激物。包括微生物接种剂和酶等。① 微生物接种剂。青贮发酵很大程度上取决于控制发酵过程的微生物种类。纯乳酸发酵在理论上可保存100%的干物质与99%的能量。所以向青贮添加微生物接种剂以加速乳酸发酵而达到控制发酵，进而生产出优质青贮。有试验证明，接种青贮微生物饲喂奶羊对青贮干物质的采食量提高4.8%，产奶量比对照组提高4.6%。常用的青贮接种剂包括：植物乳杆菌、嗜酸乳杆菌、嗜乳酸小球菌、粪大肠杆菌等。② 酶添加剂。酶添加剂，包括单一酶复合物、多种酶复合物以及酶复合物与产乳酸菌的混合物。纤维分解酶是最常用的酶制剂，这种酶可以消化部分植物细胞壁产生可溶性糖，产乳酸菌将这些糖发酵从而迅速降低青贮的pH值，增加乳酸浓度，来促进青贮发酵、减少干物质的损失；同时植物细胞壁的部分降解有助于提高消化速度和消化率。

(2) 发酵抑制物。丙酸具有最强抑制真菌活动的能力，能显著减少引起青贮有氧变质的酵母和霉菌；丙酸的添加量随玉米青贮的含水量、贮藏期以及是否与其他防霉剂混合使用而变化，添加量过大也会抑制青贮发酵。丙酸具有腐蚀性，在实际生产中常用其酸性盐，如丙酸氨、丙酸钠、丙酸钙。

(3) 养分添加剂。主要是氨和尿素等。添加氨和尿素可以使青贮的保存期延长，增加廉价的蛋白质，减少青贮中蛋白质的降解，减少青贮过程中发霉和发热。添加氨和尿素必须在青贮过程中喷洒均匀，添加量应根据玉米青贮干物质含量的不同而变化，含水量越少添加量越高。适宜添加量是2.3~2.7kg 氮/t 35%干物质的青贮（即含水量65%的青贮原料适宜每吨添加尿素量为5~5.8kg），2.0~2.3kg 氮/t 30%干物质的青贮（即含水量70%的青贮原料适宜每吨添加尿素量为4.3~5kg）。注意干物质超过45%的青贮不要添加氨和尿素，较干的原料会使正常的发酵中断。

五、开窖饲喂注意事项

1. 青贮饲料质量的简易评定

青贮40~60d后发酵成熟，已产生足够的乳酸，可以开窖饲喂。开窖后可对青贮质量进行简易评定，主要根据色、香、味和质地判断青贮料的品质，见表8-3。

表8-3 青贮饲料质量的简易评定

等级	颜色	气味	质地结构
优等	绿或黄绿色有光泽	芳香味重，给人以舒适感	湿润、松柔、茎叶花能分辨清楚，不粘手
中等	黄褐或暗绿色	刺鼻醋酸味、芳香味淡	柔软、水分多、茎叶花能分清
低等	黑色或褐色	有刺鼻的腐败味、霉味	腐烂、发黏、结块或过干，分不清结构

2. 防止二次发酵

开窖面积应以当天饲用量为标准。开窖后如发现有发霉、变黑、腐臭味时，应弃掉。从窖的一端由上而下逐层取用，取后再将窖口盖严。

开窖后要防止青贮料二次发酵。所谓的二次发酵是指青贮饲料在开窖饲喂后，由于窖内温度升高而使通气部分青贮饲料产生的发霉现象。品质较好的青贮饲料易发生二次发酵。出现二次发酵后，青贮饲料的糖分可损失 10%~24%。若有大量的霉菌活动而发生霉变或产生亚硝酸盐，喂羊后，会造成一定程度的危害。防止方法：青贮原料不可切得太长，玉米秸以 1cm 左右为宜；所含水分应在 65%~70%，贮存密度要高，每立方米的重量越重越好；原料预干不可过度，适时收割，防止玉米秸受霜害。

二次发酵是在开封后青贮料与空气接触后开始的，所以要根据所养羊的数量和采食量决定开口大小，开口要尽量小。每次取出青贮饲料后，用塑料薄膜将表面盖好，使之不通气。已经发生二次发酵的青贮饲料，又一时吃不完的，应把上层已发热的饲料装入密封的塑料袋，尽快饲喂。对下层的青贮饲料用丙酸按 0.5~1L/m^2 的剂量喷洒表面，上面覆盖塑料薄膜，可有效抑制青贮饲料的二次发酵过程。

3. 青贮饲料的合理饲喂

青贮饲料含有大量有机酸，有轻泻作用，因此母羊怀孕后期不宜多喂。单独饲喂对羊健康不利，应与碳水化合物含量丰富的饲料和干草搭配使用，以提高瘤胃微生物对氮素的利用率。羊对青贮饲料有一个适应过程，用量应由少逐渐增加，成年羊一般日喂量 0.5~1kg，日最大喂量不应超过 2kg。冰冻的青贮饲料待融化后再饲喂，每天随用随取，不能一次大量取用，发霉变质后不能饲喂。

第九章　贵州黑山羊常见疫病防控

贵州黑山羊在生长发育过程中，会发生各种各样的疾病，在性质上可以分为传染病、寄生虫病和普通病3大类。传染病是由于各种致病性病原微生物侵入羊体内生长、繁殖并产生毒素而导致的。寄生虫是各种体内外寄生虫侵害羊体，通过虫体对羊的器官、组织的机械性损害，夺取羊体营养并产生有害毒素而导致的。普通病包括内科疾病、外科疾病和产科疾病，多因饲养管理不当、营养代谢失调、误食毒物、机械性损伤、异物的刺激以及外界环境变化而引起的。饲养管理人员平时应注意观察个别羊只甚至整个羊群的行为变化，整体上一般观察羊的肥瘦、步态、姿势，从羊的个体上主要观察被毛、皮肤、黏膜、结膜、食欲、粪尿、呼吸、体温的变化等，以确定羊是否有病，并及时诊治。

第一节　普通病防治

一、口腔炎

原发性口腔炎多由外伤引起。继发性口腔炎多发生于患口疮、口蹄疫、羊痘、霉菌性口炎、过敏反应和羔羊营养不良时。原发性口腔炎病羊常采食减少或停止，口腔黏膜潮红、肿胀、疼痛、流涎，甚至糜烂、出血和溃疡。口臭，全身变化不大。继发性口腔炎多见有体温升高的全身反应。羊口疮表现为口黏膜以及上下嘴唇、口角处呈现水疱疹和出血干痂样坏死；口蹄疫时，除口腔黏膜发生水疱烂斑外，趾间及皮肤也有类似病变；霉菌性口炎，常有采食发霉饲料的病史，还表现下泻、黄疸；过敏反应性口腔炎，多与突然采食或接触某种过敏源有关，除口腔有炎症变化外，在鼻腔、乳房、肘部和股部内侧等处可见有充血、渗出、溃烂、结痂等变化。

对传染病合并口腔炎症者，宜隔离消毒。轻度口炎，用速必克-30%普鲁卡因青霉素注射液和一喷康；有溃疡，全身反应明显时，用一喷康喷治，另注射速必克-30%普鲁卡因青霉素注射液，1 次肌内注射，连用 3~5d；为杜绝口腔炎的发生，宜用 2%的碱水刷洗消毒饲槽，饲喂青嫩或柔软的青干草。

二、食道阻塞

食道阻塞是由于过度饥饿的羊吞食过大的块状饲料，未经咀嚼而吞咽，阻塞食道造成。病羊突然采食停止，头颈伸直，伴有吞咽和作呕动作，或因异物吸入气管，引起咳嗽。当阻塞物发生在颈部食道时，局部突起，形成肿块，手触感觉到异物形状；当发生在腹部食道时，病畜疼痛明显，可继发瘤胃臌气。

阻塞物塞于咽部时，可装上开口器，保定好病畜，用于直接掏取，或用铁丝圈套取。阻塞物在近贲门部时，可先将普鲁卡因溶液 5mL、石蜡油 30mL 混合，用胃管送到阻塞物部位，然后再用硬质胃管推送阻塞物送入瘤胃。当阻塞物易碎、表面圆滑且阻塞于颈部食道时，可在阻塞处两侧垫上布鞋底，将一侧固定，在另一侧用木槌打砸，使其破碎，咽入瘤胃。

三、前胃弛缓

前胃弛缓是前胃兴奋性和收缩力量降低的疾病。原发于长期饲喂粗硬难以消化的饲草，突然更换饲养方法，供给精料过多，运动不足等；饲料品质不良，霉败、冰冻、虫蛀、染毒；长期饲喂单调缺乏刺激性的饲料，继发于瘤胃臌气、瘤胃积食、肠炎等其他疾病等。急性前胃弛缓表现食欲废绝，反刍停止，瘤胃蠕动力量减弱或停止；瘤胃内容物腐败发酵，产生大量气体，左腹增大，叩诊不坚实。慢性前胃弛缓表现为病畜精神沉郁，倦怠无力，喜卧地；被毛粗乱；体温、呼吸、脉搏无变化，而食欲减退，反刍缓慢；瘤胃蠕动力量减弱，次数减少。诊疗中必须区别该病是原发性还是继发性。

首先应采用饥饿疗法或禁食，然后供给易消化的饲料等。治疗时，先投泻剂，兴奋瘤胃蠕动，防腐止酵。成年羊可用硫酸镁20~30g或人工盐20~30g、石蜡油100~200mL、番木鳖酊2mL、大黄酊10mL，加水500mL，1次灌服。10%氯化钠20mL、生理盐水100mL、10%氯化钙10mL，混合后1次静脉注射。也可用酵母粉10g、红糖10g、酒精10mL、陈皮酊5mL，混合加水适量，灌服。瘤胃兴奋剂，可用2%毛果芸香碱1mL，皮下注射。防止酸中毒，可灌服碳酸氢钠10~15g。另外，可用大蒜酊20mL、龙胆末10g、豆蔻酊10mL，加水适量，1次口服。

四、瘤胃积食

瘤胃积食是瘤胃充填过量饲料，致使胃体撑大，食糜滞留在瘤胃引起消化不良疾病。过量食用粗硬饲料，如块根类、豆饼、霉败饲料等，或采食干料而饮水不足等，致使前胃弛缓、瓣胃阻塞、创伤性网胃炎、腹膜炎、真胃炎、真胃阻塞等，也可导致瘤胃积食的发生。发病初期，采食、反刍停止，病初不断嗝气，随后嗳气停止，腹痛摇尾或后蹄踏地，拱背，咩叫，病后期精神萎靡。病羊呆立，不回嚼，鼻镜干燥，耳根发凉，口出臭气，有时腹痛用后蹄踢腹，排粪量少而干黑，左肷窝部膨胀。

防治方法：应消导下泻，止酵防腐，可用石蜡油100mL、人工盐50g或硫酸镁50g、芳香氨醑10mL，加水500mL，1次灌服。解除酸中毒，可用5%碳酸氢钠100mL灌入输液瓶，另加5%葡萄糖200mL，静脉1次注射；或用11.2%乳酸钠30mL，静脉注射。在交通不便的地方，农户可自行采用2%石灰水洗胃，并灌服健康羊的瘤胃液或食醋100~200mL，一次灌服。

人工盐50g，大黄末10g，龙胆末10g，复方维生素B 50片，研碎混合，1 次灌服。酵母粉 50~80g，先用温水化开，再加入适量的水，1 次灌服。10%高渗盐水 40~60mL，一次静注。甲基硫酸新的明 1~2mL 肌内注射。吐酒石（酒石酸锑钾）0.5~0.8g，龙胆酊 20g，加水 200mL，一次灌服。

五、急性瘤胃臌气

急性瘤胃臌气是羊胃内饲料发酵，产生过量气体的疾病。多发春夏放牧的羊群。采食霜冻饲料、酒糟或霉败变质的饲料，也易发病；冬春两季给怀孕母羊补饲料时，群羊抢食过量，也可发生瘤胃臌气。每年剪毛季节若发生肠扭转，也可导致瘤胃臌气。

初病羊表现：拱背伸腰，肷窝突起，有时左肷窝向外突出高于髋节或背中线；反刍和嗳气停止、心律加快、呼吸困难、步态不稳，进而窒息或心脏麻痹而死亡。

防治方法：采取胃管放气，防腐止酵，可插入胃导管放气，缓解腹压或用 5%碳酸氢钠溶液 1 500mL洗胃，以排出气体及胃内容物。用石蜡油 100mL、鱼石脂 2g、酒精 10mL，加水适量，1 次灌服；或用氧化镁 30g，加水 300mL，或用 8%的氢氧化镁混悬 100mL 灌服。必要时可行瘤胃穿刺放气，方法是在左肷部剪毛、消毒；然后以兽用 16 号针头刺破皮肤，插入瘤胃放气。

六、瓣胃阻塞

瓣胃阻塞是由于羊瓣胃的收缩力减弱，食物通过瓣胃时积聚，不能后移，充满瓣叶之间，水分被吸收，内容物变干而致病。瓣胃坚硬，不排粪。由于饮水失宜和饲喂秕糠、粗纤维饲料而引起；或饲料和饮水混有过多的泥沙，使泥沙混入食糜，沉积于瓣叶之间而发病。前胃弛缓，瘤胃积食，真胃阻塞，瓣胃、真胃与腹膜粘连可继发瓣胃阻塞。

病羊初期症状与前胃弛缓相似，瘤胃蠕动音减弱，瓣胃蠕动消失，并可继发瘤胃臌胀及瘤胃积食。触压病羊右侧第 7~9 肋间、肩关节水平线上下时，羊表现出疼痛不安。初期粪便干少色暗，后期停止排粪，全身表现衰弱，卧地不能站立，最后死亡。

应辅以运动兴奋前胃，促使胃肠内容物排出。瓣胃注射疗法对顽固性瓣胃阻塞疗效显著。方法是准备 25%硫酸镁液 30~40mL，石蜡油 100mL。在右侧第九肋间隙和肩关节交界下方 2cm 处，使用 12 号 7cm 长针头，向对侧肩关节方向刺入 4cm 深，当针刺入后，可先注入 20mL 生理盐水，试其有较大压力时，表明针已刺入瓣胃，再将上述准备好的药液交替注入；于第 2 日可重复注射 1 次。

瓣胃注射后，再对病畜输液。可用 10%氧化钠液 50~100mL、10%氯化钙 10mL、5%葡萄糖生理盐水 150~300mL 混合静脉注射。待瓣胃松软后，可皮下注射氯化氨甲酰甲胆碱 0. 2~0. 3mL。

七、真胃阻塞

真胃阻塞是真胃内积满多量食糜，使胃壁扩张，体积增大，胃黏膜及胃壁发炎，食物不能进入肠道所致。可因羊的消化机能紊乱，胃肠分泌、蠕动机能减弱，或者因长期饲喂细碎的饲料。亦见于因迷走神经分支操作，创伤性网胃炎使肠壁与真胃粘连，幽门痉挛，幽门被异物或毛球阻塞等所致。

病程较长，初期似前胃弛缓症状，病羊食欲减退，排粪量少，以致停止排粪，粪便干燥，其上附有多量黏液或血丝；右腹真胃区增大，病胃充满液体，冲击真胃可感觉到坚硬的真胃体。

给病羊可试用 25%硫酸镁溶液 50mL、甘油 30mL、生理盐水 100mL，混合真胃注射；10h 后，可选用胃肠兴奋剂，如氯化氨甲酰甲胆碱注射液，少量多次皮下注射。

八、胃肠炎

胃肠炎是采食大量冰冻或发霉的饲草、饲料，料中混有化肥或具有刺激性的药物引起的疾病。症状：食欲废绝、口腔发臭、舌苔黄白。肠音初期增强，以后减弱或消失，不断排稀粪便或水样粪便，气味恶臭，粪中有血液及坏死的组织碎片。严重时可引起脱水而死。

用得米佳特-20%土霉素注射液（可静脉级）或可用5%葡萄糖150~300mL 10%樟脑磺酸钠4mL、维生素C 100mg混合，静脉注射，每日1~2次。亦可用得米佳特-20%土霉素注射液（可静脉级），溶解于生理盐水100mL中，静脉注射。

急性肠炎可用中药治疗，处方为：白头翁12g、秦皮9g、黄连2g、黄芩3g、大黄3g、山枝3g、茯苓6g、泽泻6g、玉金9g、木香2g、山楂6g，1次煎水，灌服。

九、吸入性肺炎

羊偶将药物、食糜渣液、植物油类误呛入气管、支气管和肺部而引起的炎症。羊患食道阻塞后，经口强制投药或给羊灌清油时引起的误咽可导致吸入肺炎。病羊精神沉郁，食欲大减或废绝，以咳嗽、气喘和流鼻涕，肺区有捻发音为特征。

青霉素肌内注射，每日1~2次，连续1周，同时用青霉素、普鲁卡因2~3mL进行气管注射，每日或隔日1次，注射2~5次；配合应用泻肺平喘、镇咳祛痰等中药。肺脓肿时，可应用磺胺注射液20mL静脉注射；或得米佳特-20%土霉素注射液（可静脉级），加入液体中静脉注射。在治疗过程中应重视维持病羊的心脏机能，以及重视其他对症疗法。为此，除交互应用强心剂、咖啡因和樟脑油外，可用葡萄糖、葡萄糖氧化钙以及酒精葡萄糖酸钙注射液静脉注射，以维持心脏机能和全身营养。对食欲不良的病畜应用健胃剂。

十、白肌病

羊缺乏硒元素和维生素E而引起骨骼肌、心肌和肝病变性，病变部位肌肉苍白、色淡的一种疾病，发病率达70%~90%，死亡率50%左右，多发于羔羊。

急性病例突然死亡。慢性病例，被毛粗乱，精神沉郁，不愿行动或走路摇摆，食欲减退，吸吮无力，腹泻，粪内含气泡或血液，逐渐发展至食欲废绝，全身衰竭，卧地不起，腰背弯曲，黏膜苍白。最后，病羊极度衰竭，角弓反张，死于心力衰竭和肺水肿，病程1~10d左右。病变导致骨骼肌钙化，断面呈灰白色坏死斑纹。

加强饲养管理，给予硒和维生素E。病羊可以一次性深部肌内注射亚硒酸钠维生素E，隔2周注射1次，连用2~4次。怀孕母羊补充硒元素和维生素E，在分娩前注射亚硒酸钠维生素E液。也可对羔羊在20日龄、40日龄时各注射1次亚硒酸钠液，预防效果良好。每千克饲料内加入硒0.1mg，维生素E每千克饲料中加入30~40mg，能预防本病发生。

十一、食毛癖

羊羔的一种代谢紊乱疾病。表现为喜欢舔食羊毛，伴有消化紊乱，有时引起肠管阻塞而死亡。

该病与饲料中缺乏矿物质钙、磷和维生素不足，导致矿物质代谢障碍有关；含硫氨基酸供应不足时，也会发生此病。另外，母羊饲养管理不良，母羊泌乳量不足，乳房炎和消化道疾病以及羊舍拥挤，均可引起羔羊发生食毛癖。

羔羊食进毛后，可在胃肠道形成毛球阻塞。病初，只表现消化紊乱，便秘和肠卡他，贫血消瘦，而后逐渐发展为腹痛、臌气、腹膜炎、呼吸困难，心力衰竭，最终死亡。

对隔离食毛羔羊，吃奶时接近母体；给予母羊和羔羊营养全面的饲料，富含蛋白质、矿物质、维生素。出现便秘，给予人工盐泻剂。在日粮中适当补充石膏，可控制本病的发展。

第二节　寄生虫病防治

一、体外寄生虫

1. 疥螨

这是羊的一种慢性寄生性皮肤病，由疥螨和痒螨寄生在体表而引起，短期内可引起羊群严重感染，危害严重。疥螨寄生于皮肤角化层下，虫体在隧道内不断发育和繁殖。成虫体长 0.2~0.5mm，肉眼不易看见。痒螨寄生在皮肤表面，虫体长 0.5~0.9mm，长圆形，肉眼可见。

初期，虫体小刺、刚毛和分泌的毒素刺激神经末梢，引起皮肤剧痒，羊不断在圈墙、栏柱等处摩擦；在阴雨天气、夜间、通风不好的圈舍及随着病情的加重，痒觉表现更为剧烈，继而皮肤出现丘疹、结节、水疱，甚至脓疮；以后形成痂皮和龟裂。特别是绵羊患疥螨病时，因病变主要局限于头部，病变有如干涸的石灰。绵羊感染痒螨后，可见患部有大片被毛脱落。患羊因终日啃咬和摩擦患部，烦躁不安，影响正常的采食和休息，日渐消瘦，最终可致极度衰竭而死亡。

疥螨主要发生于冬季和秋末春初。发病时，疥螨病一般发生于羊皮肤柔软且短毛的部位，如嘴唇、口角、鼻面、眼圈及耳根部，以后皮肤炎症逐渐向周围蔓延；痒螨病则起始于被毛稠密和温度、湿度比较恒定的皮肤部分，如绵羊多发生于背部、臀部及尾根部，以后才向体侧蔓延。

涂药疗法适用于病畜数量少、患部面积小的情况，亦可在任何季节使用，但每次涂擦面积不得超过体表 1/3。涂药用农可福 1：(20~50) 倍稀释，全身或局部涂抹，每天 1 次或隔天 1 次，连用 3~5d。或注射易可驱-多拉菌素或伊维菌素+阿苯达唑拌料。

2. 鼻蝇蛆病

鼻蝇幼虫寄生在绵羊鼻腔或额窦引起的。患羊精神萎靡不振，可视黏膜淡红有分泌物，运动失调，头弯向一侧旋转或发生痉挛、麻痹，听力、视力降低，后肢举步困难，有时站立不稳、跌倒而死亡。

羊鼻蝇成虫多在春、夏、秋出现，尤为夏季为多。成虫在6—7月开始接触羊群，雌虫在牧地、圈舍等处飞翔，钻入羊鼻孔内产幼虫，1次可产幼虫30~40个。1只雌蝇产幼虫600多个。刚产下的第一期幼虫长约1mm，前端有2个黑色角质钩，体表丛生小刺，固定在羊的鼻黏膜上，并爬向鼻腔深部鼻窦或额窦中（少数能进入颅腔内），逐渐发育为第二期和第三期幼虫。第二年春天，成熟的三期幼虫从深部逐渐爬向鼻腔，当患羊打喷嚏时，幼虫被喷出，落于地面，钻入土中羊粪堆内化为蛹，经1~2个月后羽化成蝇。雌雄交配后，雌虫又侵袭羊群再产幼虫。

应用敌敌畏烟雾驱杀，事先准备一个烟雾室，烟雾室必须密封，在发烟前将门窗关闭，防止跑烟，以保证有效的烟雾浓度。敌敌畏用量按室内每立方米应用敌敌畏原液1mL，根据室内空间容积算出总用量。加热器以农用平板大铁锹为最好，药液倒入既能防止外流，又便于加热。驱虫时间最好在早晨凉爽时进行。把羊群赶入室内，将平板铁锹烧热（热至不红，倒上药液能起烟为度），把敌敌畏全量一次倒在铁板锹上，待药全部发烟后（烟雾室面积大时，可放2~3个烟雾点），使羊在屋内吸雾10~15min（从屋内全部充满烟雾时开始计算）即可。适用于杀灭螨虫的第一、第二期幼虫，驱虫率可达100%，而且安全，可靠，不易使患羊中毒。

二、体内寄生虫防治

1. 肝片吸虫病

病原：肝片吸虫。

生活史：成虫（胆管内产卵）—水蛭（毛蚴）—椎实螺（中间宿主）—羊（消化道）—肝—胆。

发病牧区：有水塘、滩田、底洼湿润牧区。

病状：消瘦、黏膜苍白，食欲减退，皮毛粗乱，落群。有的脸、眼、颌下、胸前及腹下出现水肿。

病因：成虫破坏肝组织，阻塞胆管，而至肝胆病变。

用克洛杀-5%氯氰碘柳胺钠注射。

2. 阔盘吸虫病

病原：阔盘吸虫。

生活史：成虫（胰腺管）—蜗羊（胞蚴）—蟀（囊蚴）—羊（胰腺）。

病状：消化不良、消瘦，颌下及胸前水肿，长时间腹泻。

病因：虫体破坏和阻塞胰管而引起胰腺炎，至内分泌失调，糖代谢紊乱。

预防：定期驱虫，常用的驱虫药有易可驱-多拉菌素、伊维菌素+阿苯达唑。

预防时应注意：1 岁以内的羊和膘力正常羊，按说明量服用，老羊和有病状羊加 1 倍量连续 2 次服用，预防时间：1 年内夏秋高温高湿季节为重，每年（阴历）5 月、6 月、7 月，每月 1 次喂抗虫药。

三、由涤虫蚴虫引起的疾病

1. 羊癫疯

病原：多头涤虫蚴虫（脑包虫）。

生活史：成虫（狗）—羊（消化道、六钩蚴）—羊（脑和脊髓）。

病状：忽然发病，羊拧头转圈，低头直冲或后退。当病虫子寄生于脊髓时，后肢麻痹、尿失禁，羊患病初期体温微升，心跳、呼吸加快。

病因：病原破坏脑脊髓组织和压迫脑脊髓神经而引起神经状。

预防：定期给羊和犬驱虫，驱虫药常用：伊维菌素+阿苯达唑。减少牧区的养狗量，每年夏秋季连续给羊群进行两次驱虫，间隔时间为 1d，病死羊只烧毁和深埋。

治疗：注射易可驱-多拉菌素。吡喹酮对该病有很好疗效。

2. 水铃铛病

病原：泡状带绦虫蚴虫。

生活史：成虫（犬科动物）—羊（消化道、六钩蚴）—腹、盆腔组织表面。

发病区：有犬科动物出现的牧区。

病状：患病羊摄食正常，体瘦皮毛不光，母羊断乳后不发情或多次发情不受孕，公羊性欲减退等，解剖羊只可见大网膜、肠系膜，公母羊生殖系外膜有水铃铛，周围出现炎症。

病因：病原破坏寄生部位组织，至炎症发生，造成各组织运行失调，进而营养缺乏、不育等。

预防：与羊癫疯相同。

治疗：大剂量喂服丙硫咪唑，连用 3d，1 周后重复 1 次。

中药治疗：与羊癫疯相同。

其他绦虫和蚴虫引起的疾病，所用方法基本相同。

四、线虫引起的疾病

腰疯

病原：丝状线虫蚴虫。

生活史：成虫（羊腹腔、微丝蚴虫）—羊蚊（初蚴）—羊（脑脊髓）。

病状：后肢偏向一侧，运动无力，易跌倒。

预防：患羊与其他羊不同圈，定期给羊驱虫、防蚊。

预防：定期给羊和犬驱虫，驱虫药常用：伊维菌素+阿苯达唑。减少牧区的养狗量，每年夏秋季连续给羊群进行两次驱虫，间隔时间为 1d，病死羊只烧毁和深埋。

治疗：注射易可驱-多拉菌素。吡喹酮对该病有很好疗效。与羊癫疯治疗方法基本相同。

第三节　传染病防治

一、传染性脓疱病

羊传染性脓疱病又称口疮病，是绵羊和山羊的一种传染病。其特征是羊的口唇等处皮肤黏膜形成丘疹、脓疱、溃疡和结成疣状厚痂。

可分为唇型、蹄型、外阴型、混合型。

唇型口疮病，首先在口角和上唇出现散在的小红斑点，很快形成高粱米粒大小的小结节，继而形成水疱和脓疱，脓疱破溃后形成黑褐色硬痂。蹄型口疮病，是在蹄叉、蹄冠或系部皮肤上形成水疱或脓疱，破裂后形成由脓覆盖的溃疡。外阴型口疮病是在阴唇附近的皮肤、乳房、阴囊、脐部等处见溃疡、脓疱、烂斑和痂垢。

病羊和带毒羊是本病的传染源。健康羊主要通过皮肤、黏膜的擦伤而传染。被污染的饲料、饮水和上年度残留在地面上的病羊痂皮，均可传染此病。易感动物主要是羊，尤其是3~5月龄的羔羊最易被感染，流行时发病率达100%。

用碘酊、速必克-30%普鲁卡因青霉素注射液（1∶1）合剂涂擦患部，每天3次，轻者3~5d，重者10d左右治愈。另外用废机油涂患部，每天3次，效果也较好。

二、羊痘

在自然情况下，绵羊痘只能使绵羊感染，山羊痘只能使山羊感染，绵羊和山羊不相互传染。最初是由个别羊发病，以后逐渐发展蔓延全群。山羊痘通常侵害个别羊群，病势及损失较绵羊痘轻。主要通过呼吸道传染，水泡液和痂块易与灰尘或饲料相混而被羊吸入呼吸道。病毒也可通过损伤的皮肤和黏膜侵入机体。人、饲管用具、毛、皮、饲料、垫草等，都可成为间接传染的媒介。

本病主要在冬末春初流行。气候严寒、雨雪、霜冻、枯草季节及饲养管理不良等因素，都可促进发病和加重病情。

平时做好羊的饲养管理，羊圈要经常打扫，保持干燥清洁，抓好秋膘。冬春季节要适当补饲，做好防寒过冬工作。在羊痘常发地区，每年定期预防注射。羊痘鸡胚化弱毒疫苗，大小羊一律尾根或股内皮下注射 0. 5mL，山羊皮下注射 2mL。

当发生羊痘时，立即将病羊隔离，对羊圈及管理用具等进行消毒。对尚未发病羊群，用羊痘鸡胚化弱毒疫苗进行紧急注射。对皮肤的病变酌情进行对症治疗，如用 0. 1%高锰酸钾洗后，涂碘甘油。为防止继发感染，对细毛羊、羔羊可以肌内注射青霉素 80 万~160 万单位，每天 1~2 次，或用 30%磺胺 10~20mL，肌内注射 1~3 次。用痊愈羊的血清治疗，大羊为 10~20mL，小羊为 5~10mL，皮下注射，预防量减半。用免疫血清效果更好。

对于绵羊痘采用自身血液疗法能刺激淋巴、循环系统及器官，特别是网状内皮系统，使其发挥更大的作用，促进组织代谢，增强机体全身及局部的反应能力。具体方法是，采病羊颈静脉血（大羊 15mL，小羊 9mL），迅速注射于自身的股内及尾根部皮下。为避免血肿，可分点注射。间隔 2d 进行第二次注射，其用量为大羊 18mL，羔羊 12mL。

三、蓝舌病

蓝舌病是主要发生于绵羊的一种传染病。以发热、颊黏膜和胃肠道黏膜严重的卡他性炎症为特征，病羊乳房和蹄部也常出现病变，且常因蹄真皮层遭受侵害而发生跛行。

该病潜伏期 3~10d。病羊体温升高到 40℃以上，稽留 5~6d；精神委顿，厌食流涎；双唇发生水肿，常蔓延至面颊、耳部；舌及口腔黏膜充血、发绀，出现瘀斑呈青紫色，严重者发生溃疡、糜烂，致使吞咽困难；鼻分泌物初为浆液性后为黏脓性，常带血，结痂于鼻孔四周，引起呼吸困难，鼻黏膜和鼻镜糜烂出血。病羊瘦弱。部分病例由于胃肠道炎症，发生便秘或腹泻，常便中带血，最后死亡。病程 6~

10d。发病率30%~40%，病死率20%~30%。

尚无有效治疗方法。对病羊应加强营养，精心护理，对症治疗。

口腔用清水、食醋或0.1%高锰酸钾液冲洗；再用一喷康或5%聚维酮碘溶液原液。

蹄部患病时可用普鲁卡因青霉素和一喷康，恶性口蹄疫，除局部治疗外，可补液强心，用5%葡萄糖500~1 000mL、10%安钠咖10mL，静脉注射。

四、山羊伪结核病

山羊伪结核病是羊的一种接触性、慢性传染病。特征为淋巴结发生干酪样坏死，有时在肺、肝、脾和子宫角等处发生大小不等的结节，内含淡黄绿色干酪样物质。

该病在羔羊中少见，随年龄增长发病增多。感染初期，局部发生炎症，后波及邻近淋巴结，慢慢增大和化脓，脓初稀，渐变为牙膏样、干酪样。如体内淋巴结和内脏受波及时，病羊逐渐消瘦、衰弱，呼吸加快，时有咳嗽，最后陷于恶病质而死亡。头部和颈部淋巴结发生较多，肩前、股前和乳房等淋巴结次之。

羊体消瘦，被毛粗乱、干燥；体表淋巴结肿大，内含干酪样坏死物；在肺、肝、脾、肾和子宫角等处有大小不一、数量不等的脓肿。

早期用0.5%黄色素10mL静脉注射有效。如与青霉素并用，可提高疗效。对脓肿按一般外科常规将脓肿连同包膜一并摘除。

做好皮肤和环境的清洁卫生工作，注意及时处理皮肤破损，发现病畜及时隔离治疗。

五、羊坏死杆菌病

羊坏死杆菌病是羊的一种慢性传染病。表现为皮肤、皮下组织和消化道黏膜坏死，有时在其他脏器上形成转移性坏死灶。病原是坏死梭杆菌。

绵羊患坏死菌病多于山羊，常侵害蹄部，引起腐蹄病。初呈跛行，多为一肢患病，蹄间隙、蹄踵和蹄冠开始红肿、热痛，而后溃烂，挤压肿烂部有发臭的脓样液体流出，随病变发展，可波及腱、韧带和关节，有时蹄匣脱落。绵羊羔可发生唇疮，在鼻、唇、眼部甚至口腔发生结节和水疱，随后成棕色痂块。轻症病例能很快恢复；重症病例若治疗不及时，往往由于内脏形成转移性坏死灶而死亡。

首先要清除羊腐蹄坏死组织。用食醋、3%来苏儿或1%高锰酸钾溶液冲洗，或用5%福尔马林，或用5%～10%硫酸钠脚浴，然后用抗生素软膏涂抹。为防止硬物刺激，可将患部用绷带包扎。当发生转移性病灶时，应进行全身治疗，以注射磺胺嘧啶或土霉素效果最好，连用5d；配合应用强心和解毒药，可促进患羊康复，提高治愈率。加强管理，保持圈的干燥，避免外伤发生。如发现外伤，应及时涂擦碘酒。

六、羔羊大肠杆菌病

羔羊大肠菌病是致病性大肠杆菌所引起的一种幼羔急性、致死性传染病。临床上表现为腹泻和败血症。多发生于出生后数日至6周龄的羔羊，呈地方性流行，也有散发的。气候不良、营养不足、场地潮湿污秽等，易导致发病；主要在冬春舍饲期间发生；经消化道感染。

潜伏期1～2d，分为败血型和下痢型。败血型多发生2～6周龄的羔羊。病羊体温41～42℃，精神沉郁，迅速虚脱，有轻微的腹泻或不腹泻，有的带有神经症状，运步失调，磨牙，视力障碍，也有的病例出现关节炎；多于病后4～12h死亡。死后解剖可见胸、腹腔和心包大量积液，内有纤维素；关节肿大，内含混浊液体或脓性絮片；脑膜充血，有很多小出血点。下痢型多发于2～8日龄的新生羔。病羊病初体温略高，出现腹泻后体温下降，粪便呈半液体状，带气泡，有时混有血液，羔羊表现腹痛、虚弱、严重脱水、不能起立，如不及时治疗，可于24～36h死亡。

大肠杆菌对土霉素、磺胺类和呋喃类药物都具有敏感性，但必须配合护理和其他对症疗法。得米佳特－20%土霉素注射液（可静脉级）按每天每千克 20~50mg，分 2~3 次口服；或按每天每千克体重 10~20mg，分 2 次肌内注射。

七、羔羊双球菌病

羔羊双球菌病又称双球菌败血症，是肺炎双球菌引起的一种急性传染病。该菌存在于病畜的鼻液、粪尿、生殖道分泌物，经呼吸道和消化道以及脐带而传染。潜伏期 3~15d。一般冬春季节复发，呈地方性流行。

病羔表现为败血症，并常伴有肺炎和胃肠炎。最急性型病羔体温可突然升高，寒战，呼吸、心跳加快，有鼻漏，黏膜充血，于几个小时内死亡，多呈败血症症状。急性型病羔发热，精神不振，咳嗽，食欲废绝，关节肿胀，表现为肺炎及关节炎症状，有时下痢。一般 5~7d 死亡。慢性型多半是急性型转来。病羔体温有时高、有时低，呈关节炎、胸膜炎和肺炎症状，间歇性下痢。日渐消瘦，病情加重，多数死亡。

发现病羔要及时隔离，采取药物治疗。取得米佳特-20%土霉素注射液（可静脉级）按每千克体重 0. 01~0. 02g 肌内注射。口服磺胺按每千克体重 0. 2g。此外还应根据病情采取对症疗法，如退热、止咳、祛痰等。对母羊及羔羊场应改善环境卫生，加强饲养管理，提高羊的抗病能力。对患乳房炎及子宫内膜炎的哺乳母羊应及时治疗，控制传染源。羊舍地面、用具彻底消毒，保证环境的清洁。

八、羊巴氏杆菌病

羊巴氏杆菌病是羊的一种传染病。在绵羊主要表现为败血症和肺炎，多发于幼龄羊和羔羊；山羊不易感染。病羊和健康带菌羊是传染源；病原随分泌物和排泄物排出体外，经呼吸道、消化道及损伤的皮肤而感染。带菌羊在受寒、长途运输、饲养管理不当等情况下，抵抗力降低，可发生自体内源性传染。

最急性羊巴氏杆菌病多见于哺乳羔羊，羔羊突然发病，于数分钟至数小时内死亡。急性者精神沉郁，体温升高至41~42℃，咳嗽，鼻孔常有出血；初期便秘，后期腹泻，有时粪便全部变为血水；病期2~5d，严重腹泻后虚脱而死。慢性者病程可达3周，病羊消瘦，不思饮食，流黏脓性鼻液，咳嗽，呼吸困难，腹泻。

对病羊和可疑病羊应立即隔离治疗。福苯泰-30%氟苯尼考注射液、庆大霉素以及磺胺类药物都有良好的治疗效果。

福苯泰-30%氟苯尼考注射液按每千克体重10~30mg，或用30%磺胺间甲氧嘧啶钠5~10mL，均肌内注射，每天2次，直到体温下降、食欲恢复为止。

平时应注意饲养管理，避免羊受寒。发病后应将畜舍用5%漂白粉或10%石灰乳彻底消毒，必要时用高免血清或菌苗作紧急免疫接种。

九、羊布氏杆菌病

羊布氏杆菌病是羊的一种慢性传染病，主要侵害生殖系统。羊感染后，以母羊发生流产和公羊发生睾丸炎为特征。母羊较公羊易感性高，性成熟期极为易感。消化道是主要感染途径，也可配种感染。羊群一旦感染此病，首先表现孕羊流产，开始仅为少数，以后逐渐增多，严重时可达半数以上，多数病羊流产1次。

多数病例为隐性感染。怀孕病羊的主要症状是发生流产，但不是必有的症状。流产多发生在怀孕后的3~4个月。有时病羊发生关节炎和滑液囊炎而致跛行；少数病羊发生角膜炎和支气管炎。

公羊发生睾丸炎和附睾炎，睾丸肿大；后期睾丸萎缩。

无治疗价值。发病后羊群防治措施是用试管凝集反应或平板凝集反应进行羊群检疫，发现呈阳性和可疑反应的羊均应及时隔离，以淘汰屠宰为宜，严禁与假定健康羊接触。必须对污染的用具和场所进行彻底消毒；流产胎儿、胎衣、羊水和产道分泌物应深埋。凝集反应呈阴性的羊，用布氏杆菌羊型2号弱毒苗或羊型5号弱毒苗进行免疫接种。

十、羊沙门氏菌病

羊沙门氏菌病包括绵羊流产和羔羊副伤寒。发病羔羊以急性败血症和泻痢为主。沙门氏菌病可发生于不同年龄的羊，无季节性，传染以消化道为主，交配和其他途径也能感染；各种不良因素均可促进该病的发生。潜伏期因年龄、应激因子和侵入途径不同而不同。羔羊副伤寒多见于15~30日龄的羔羊，食欲减退，腹泻，排黏性带血稀粪，有恶臭；精神委顿，继而倒地，经1~5d死亡。绵羊流产多见于妊娠后2个月，厌食，精神抑郁，部分羊有腹泻症状。

病羊要隔离治疗或淘汰处理。治疗时必须配合护理及对症治疗。首选药为福苯泰-30%氟苯尼考注射液，其次是得米佳特-20%土霉素注射液和新霉素。福苯泰-30%氟苯尼考注射液给羔羊注射按每天每千克体重30~50mg，分3次内服；成年羊按每次每千克体重10~30mg，肌内或静脉注射，2次/d。呋喃唑酮按每天每千克体重5~10mg，分2~3次内服，连续用药不得超过2周。羔羊在出生后应及早吃初乳，注意羔羊的保暖；发现病羊应及时隔离并立即治疗；被污染的圈栏要彻底消毒；发病羊群进行药物预防。

十一、羊肠毒血症

羊肠毒血症是产气荚膜梭菌产生毒素所引起的绵羊急性传染病。该病发病急，死亡快，死后肾脏多见软化特征，又称软肾病、类快疫。病羊中等以上膘度，鼻腔流出黄色脓稠胶冻状鼻液，口腔流出带青草的唾液，不臌气。

发病以绵羊为多，山羊较少。通常以2~12月龄、膘情好的羊为主；经消化道而发生内源性感染。牧区以春夏之交抢青时和秋季牧草结籽后的一段时间发病为多；农区则多见于收割抢茬季节，或羊食入大量富含蛋白质饲料时发病为多。多呈散发性流行。

春夏之交少抢青、抢茬；秋季避免吃过量结籽饲草；发病时搬圈至高燥地区。常发区定期注射羊厌氧菌病三联苗或五联苗，大小羊只一律皮下或肌内注射 5mL。

十二、羊黑疫

羊黑疫又称传染性坏死性肝炎，是羊的一种急性高度致死性毒血症。绵羊、山羊均可发生。以肝实质发生坏死性病灶为特征。以 2~4 岁、营养好的绵羊多发，山羊也可发生。主要发生于低洼潮湿地区，以春季、夏季多发。

临床症状与羊肠毒血症、羊快疫等极其相似，病程短促。病程长的 1~2d。患羊常食欲废绝，反刍停止，精神不振，放牧掉群，呼吸急促，体温 41.5℃左右，昏睡俯卧而死。

病程稍缓的病羊，肌内注射青霉素 80 万~160 万单位，2 次/d。也可静脉或肌内注射抗诺维氏梭菌血清，1 次 50~80mL，连续用 1~2 次。控制肝片吸虫的感染，定期注射羊厌气菌病五联苗，皮下或肌内注射 5mL。发病时，搬圈至高燥处，也可用抗诺维氏梭菌血清早期预防，皮下或肌内注射 10~15mL，必要时重复 1 次。

十三、传染性胸膜肺炎

山羊特有的接触性传染病，以高热、咳嗽、纤维蛋白渗出性肺炎和胸膜炎为特征。

该病常呈地方性流行，冬季和春末发病率、死亡率最高。潜伏期短则 3~6d，长则 30~40d。该病多呈急性型，病羊极度委顿，食欲废绝，呼吸急促而有痛苦的鸣叫。被毛竖立发抖，呼吸较快，或伴有湿性咳嗽、浆液性鼻漏。最急性型，呼吸极度困难，呼吸时全身振动，黏膜高度充血、发绀，目光呆滞，呻吟哀鸣，不久窒息死亡。

为了预防该病的发生，新引进羊只时必须隔离观察 1 个月以上，已病羊群应进行封锁，对病羊、可疑病羊和假定健康羊分群隔离和治疗。因为该病常转为慢性过程，因此在疫病停止发生或病羊治愈后，必须再经过 2 个月左右的隔离观察，如不再出现病羊，才可解除封锁。

流行地区及周围地带，每年注射 1 次山羊传染性胸膜肺炎氢氧化铝疫苗，皮下或肌内注射。均至少可获得 14 个月的保护力。这种疫苗 1 次注射 5mL，经 3 周可产生满意的效果。另外，鸡胚化弱毒疫苗也安全有效。对厩舍及用具，用过氧可安［1：(200~300) 倍稀释］或卫可安（1：150 倍稀释）进行消毒。圈内垫草应彻底清除并及时烧毁，或与粪便堆积一起发酵处理。

十四、小反刍兽疫

小反刍兽疫又称小反刍兽瘟、胃炎肺肠炎综合征、小反刍兽伪牛瘟综合征，是由副黏病毒科麻疹病毒引起的一种急性高热高度接触传染性疾病，主要感染小反刍兽，如山羊、绵羊、羚羊、美国白尾鹿等，其中以山羊最为严重。小反刍兽疫是我国农业农村部规定的一类动物疫病，也是国际兽医局 OIE 法定必须报告的疫病。

1. 致病机理

易感动物直接接触病毒污染物后，会经口腔、上呼吸道或扁桃体进入体内，首先在咽喉、下颌淋巴结以及扁桃体复制，引起淋巴细胞免疫功能下降，进而在淋巴组织中扩散，然后病毒随血液循环到达全身淋巴结、呼吸道黏膜和肠黏膜，导致淋巴组织发生坏死、免疫力下降，引起支气管肺炎和继发性感染。易感动物感染病毒后 2~3d，病毒就可在消化系统、呼吸系统的黏膜上复制增殖，之后 4~5d 就开始出现临床症状。

2. 流行病学特点

最早 1942 年在西非首次发现，随后非洲其他的一些国家相继发生，并很快扩大到中东、伊朗等亚洲国家。2007 年 7 月，我国西藏自治区阿里地区日土县发生小反刍兽疫，死亡 262 只羊。这是我国首次发生小反刍兽疫，随后呈蔓延趋势。2013—2014 年，相继发生小反刍兽疫疫情，损失严重。

小反刍兽疫在雨季、寒冷季节更易暴发，且传播速度快、死亡率高。小反刍兽疫病毒在自然环境下抵抗力较低，对热、紫外线、强酸强碱等非常敏感，50℃、60min 即可灭活，醇、醚、苯酚、2% 的

NaOH以及普通清洁剂都是有效的消毒剂。因此在常态环境中一般不会长时间存活。小反刍兽疫病毒主要存在于感染动物的眼鼻分泌物、唾液、尿液、粪便中，被污染的水源、料槽、垫料等都会成为传染源。虽然家畜不会成为小反刍兽疫病毒的长期携带者，但有研究证明，临床上恢复期的山羊在11~12周时仍能检测到病毒。

3. 临床症状

小反刍兽疫引起发热、流鼻涕等早期症状，也常引起眼部上皮细胞的感染，继而引起眼睑内部黏膜组织和眼球结合部黏膜的炎症。此外，系统性感染引起消化道损伤，导致腹泻甚至后期出现血样腹泻。

临床症状常呈急性发作，潜伏期3~10d。病畜精神沉郁，食欲减退，鼻镜干燥，鼻腔及口腔内充满黏液，甚至鼻孔堵塞、呼吸不畅，口腔黏膜弥漫性溃疡和大量流涎，有时可出现结膜炎（甚至失明），体温高达40 ~41℃。后期，常出现血样腹泻，脱水、消瘦、呼吸困难和流产，5~10d内死亡。肺炎、咳嗽、胸部啰音以及腹式呼吸也常发生。若伴有寄生虫或其他疾病，则死亡更快。本病发病率高达100%，严重暴发期死亡率为100%。

4. 病理剖检

病羊的上下腭及舌头呈糜烂性损伤，且牙龈红肿，皱胃出血性糜烂斑，肠道糜烂或出血，在回肠盲肠结合处有时可观察到斑马样出血性条纹；肠系膜淋巴结、肺门淋巴结等肿大、出血，肺部肉样性病变或者干酪样病灶，肺脏表面、支气管黏膜、肠系膜等有出血点。整个气管内充满泡沫状黏液，有些甚至已堵住气管，造成病畜无法呼吸而死亡。

5. 病料采集

活体动物全群采集5只（少于5只的全部采集）以上家畜的全血，按照常规方法分离血清，同时无菌采集鼻腔或者口腔、肛门拭子，保存到拭子保存液中。再采集5只（少于5只的全部采集）以上刚死亡家畜的肠系膜淋巴结、肺门淋巴结、肾脏、脾脏、肺脏，分别装入小封口袋中。所有样品应置采样箱中冷藏，尽快送检。

6. 实验室诊断

小反刍兽疫的实验室诊断技术主要包括：病毒粒子电镜观察、病毒分离培养、病毒中和试验（VN）、琼脂凝胶免疫扩散（AGID）、对流免疫电泳、夹心 ELISA、PCR、免疫组化等。

7. 预防措施

疫区、受威胁区进行紧急免疫。我国小反刍兽疫疫苗效果显著，保护率高，免疫保护期长。全群普免，建立免疫保护带，迅速控制疫情。使用过的注射器、针头、疫苗瓶要高温煮沸或用消毒剂浸泡，不得随意丢弃。为保证免疫效果，应尽量不与其他疫苗同时注射。

8. 健全防疫制度

一定要做好日常管理工作，加强对环境和圈舍消毒；严禁从疫区引进羊只，对调入的羊只必须隔离观察，经临床诊断和血清学检查确认健康无病，才能够混群饲养；发现可疑病例，要及时向当地兽医部门报告。病畜及时隔离处理，对受污染的环境和污物无害化处理，严禁调出羊只。

第四节 羊群食物中毒防治技术

一、霉变饲料中毒

霉变饲料有毒霉菌主要有黄曲霉菌。羊误食后停食，后肢无力，步履蹒跚，但体温正常，肛门流血，出现中枢神经症状。除停食外，内服石蜡油或植物油 200~300mL，心脏衰弱者可肌内注射 10%安钠咖 5mL。

二、瘤胃酸中毒

由于羊采食精饲料过多，采食过量谷物饲料或长期饲喂酸度过高的青贮饲料而引起的瘤胃内乳酸增多，前胃炎症为主的全身性中毒。

特急病例：常无任何症状，于采食后 3~5h 突然死亡。

急性病例：病羊行动迟缓，步态不稳，呼吸急促，发病后 3h 内死亡。

慢性病例：多发生于分娩后 3～5h，初步病时呈犬坐姿势，不横卧地上，双目紧闭，甩头、弓背、磨牙而死。

治疗措施：停食前口服石灰水，静脉注射山梨醇或甘露醇。

预防措施：加强饲养管理，干青料搭配。

第十章　安全用药

第一节　常用药品购买

贵州黑山羊养殖场购买兽药需从“国家兽医产品追溯系统”APP 对兽药产品作一般检查，检查的内容主要是兽药经营门店证件及兽药来源、外包装及兽药制剂外观是否符合相关要求。根据农业部《兽药经营质量管理规范》要求，2012 年 3 月 1 日起，强行全面实施兽药经营质量管理规范（CSP）。自 2012 年 3 月 1 日起没有通过 GSP 认证的兽药经营单位，不得从事兽药经营。

一、查看《兽药经营许可证》及其他证件

查看兽药经营门店是否已办理兽药经营许可证、营业执照、从业人员上岗资格证。

二、查看兽药产品备案准入证明

兽药生产及代理商在进入市场销售前，应主动到当地县级以上畜牧兽医主管部门审查备案，凭主管部门核发的备案准入证明销售兽药。

三、查看兽药来源

兽药应由正规兽药厂生产或在我国农业农村部依法登记注册的外国兽药生产企业。所有兽药必须来自具有生产许可证和产品批准文号并通过 GMP 认证的生产企业。未经审查批准即生产、进口，或者未

经抽查检验、审查核对即销售、进口的兽药不能购买。

四、查看保存条件

兽药保存分常温、冷冻贮藏。如果贮藏方法不当，轻则降低药效，重则使药物无法使用。对保存条件较差的兽药经营门店，其兽药保存存在问题，最好不在此类兽药经营门店购买兽药。

五、查看包装外观

兽药生产包装应符合兽药质量要求，购买兽药前要查看兽药封口是否严密。用塑料袋封装的，应检查封口是否严密封闭；用玻璃瓶封装的，应注意检查瓶盖是否密封，有无松动和裂缝，瓶塞有无明显的针孔。出现任何封装问题的兽药，都不能购买和使用。

（一）查看是否是兽用药

兽药外包装上，必须在醒目的位置上注明“兽用”或“兽药”字样，盒内的标签或说明书上也应标明，没有标明的或人用药不能作为兽药使用。

（二）查看兽药产品包装标记

1. 查看文件号证明及有关标示

所有兽药产品必须有批准文号、生产许可证号、有效期、合格证明和批次号。正规兽药厂家均申请有注册商标（图案、图画、文字等），并在包装上标明“注册商标”字样或注册标记。一般要重点查看批准文号、合格证和有效期。

(1) 查看批准文号。兽药产品批准文号是农业农村部根据兽药国家标准、生产工艺和生产条件，批准兽药企业生产兽药产品时核发的兽药批准证明文件。兽药标签和包装上无兽药批准文号或用文件编号及其他编号冒充兽药批准文号的，不能购买使用。

(2) 查看合格证。拆开兽药外包装后，要注意查看内包装箱（袋）上是否有说明书和产品质量合格证。合格证上应有企业质检专用章、质检员签章、装箱日期。没有产品合格证的兽药，不是正规厂家的产品，不能使用。

(3) 查看有效期。有效期系指兽药产品的使用期限，必须按规定在兽药标签和说明书上予以标注。不标明或超过有效期及已达到失效期的，即为过期药，即使没有任何眼观质量问题也不宜购买使用。

2. 有中文标明的产品名称、生产厂名及地址和特别提示

(1) 查看兽药名称。兽药标签和说明书上标注的兽药通用名称应与兽药国际标准中收载的兽药名称相一。标注商品名称须经农业农村部核准，不得只标注商品名。即所有兽药应根据兽药产品的特点和使用要求，需要标明规格及中文注明的所含主要成分的名称和含量，并注明“兽用”。

(2) 查看特别提示和是否是禁用的兽药。羊场在购买兽药时应注意有些普（剧）、(限制)、(毒) 等特别提示，在剂量使用等方面要严格按规定执行。此外，还要查看是否属于部分国家及地区明令禁用或重点监控的兽药及其他化合物清单。如β-兴奋剂类、呋喃唑酮、氯霉素等，均属于国家禁止使用的兽药；盐酸黄连素注射液等，属于淘汰兽药；还有兽药地方标准废止品种，如呋喃西林等属于禁用兽药；抗生素、合成抗菌药中头孢哌酮等，解热镇痛类中如盐酸地酚诺酯等，复方制剂中注射用的抗生素与安乃近等。结合农业农村部最新文件，根据《兽药管理条例》和最新《兽药地方标准废止目录》，凡是国家宣布禁用、淘汰、废止的兽药，均禁止销售及使用。此外，在购买兽药时还要查看兽药停药期规定。

六、查看兽药的外观质量

兽药外观质量应符合其品种规定，如散剂、粉剂、预混剂的外观应干净、松散、混合均匀、色泽一致。如果药物发黏、霉变、有异味、变色等则不宜使用。注射剂澄明度不符合规定、变色、有异样物，容器有裂纹或瓶塞松动，混悬注射液后分层较快或有凝块，冻干制品已失真空的均不宜使用。在实践中，对主要兽药制剂的查看标准有以下几个方面。

1. 针剂的查看标准

水针剂主要查看澄明度、色泽、有无裂瓶、漏气、沉淀、混浊和装量差异等现象；粉针应重点检查溶解后的澄明度。

2. 片剂的查看标准

片剂兽药要查看色泽、斑点、潮解、发霉、裂片、粘瓶、溶化及片重差异等。

3. 散剂的查看标准

散剂主要查看有无结块、异常黑点、霉变及重量差异等。

第二节　常用药品储藏与保管

一、影响存储的因素

药品化学变化会影响兽药质量的稳定性，如氧化、光解、水解、脱水及异构化等，但依据化学反应动力学原理，避光保存、降低温度和防止吸湿等措施有利于减缓和降低化学变化，一般来说，在兽药的生产、贮藏、运输及使用过程中，一些人为因素（包括生产工艺与管理、包装材料的选择与包装方法、贮藏管理方法）和自然因素（空气、光照、温度、湿度、微生物、虫鼠等）两者可以相互影响，使兽药质量发生生物性、理化性的改变，影响兽药的质量。因此，加强兽药的贮藏和保管是保证兽药质量的一个关键环节。

二、兽药的贮藏与保管条件要求

（一）根据兽药质量标准要求提出的具体规定

由于兽药各种药物之间的成分、化学性质、剂型不同等原因，其各自的稳定性均有差异。同时，药物在贮藏期间由于外界环境因素的作用，导致兽药的稳定性发生变化，药物的性质会受到一定影响，因此，必须根据兽药的质量标准要求提出的具体规定执行。《中国兽药典》及《兽药质量标准》对兽药的贮藏条件都有明确的规定，这些条件包括光线、温度、湿度、包装形式等。贮藏保管条件在兽药标签、说明书中也有相应的描述。如遮光（指不透明的容器包装，如棕色瓶或黑色包裹的无色透明、半透明容器）、密闭（将容器密闭，以防止尘土及异物进入）保存；密封（将容器密封，以防止风化、吸潮、挥发和异物进入）保存；密闭在阴凉（指不超过 20℃）干燥处保存。

（二）根据兽药有效期规定

有效期系指兽药在规定的贮藏条件下能保证其质量的期限。超过有效期，兽药必须按规定作销毁处理，不得使用。因此，兽药不宜贮藏太久时间。有些兽药因理化性质不太稳定，易受外界因素的影响，贮存一定时间后，会使含量（效价）下降或毒性增加。为了保证用药安全有效，兽药都有有效期规定。即使没有规定有效期的兽药，贮存过久，质量也会发生变化。

（三）根据兽药的贮藏和保管条件规定

在贮藏时，药物一般要求温度不得超过 30℃，相对湿度等于或小于 75%，特殊兽药按具体规定执行，要求防止霉变和虫蛀。为了达到贮藏条件要求，平时要求注意药品的养护，对药品要采取避光、温度与湿度控制、防虫、防鼠等措施。羊场兽药要有专人保管，保管人员要熟悉各种兽药的理化性质和规定的贮藏条件，按“先进先出，先产先出，近期（失效期）先出”的原则，确定各号药的出库顺序，保证兽药始终保存在良好环境状态，从而也保证了兽药的质量稳定。

三、不同药的贮藏与保管方法

（一）注射剂贮藏保管

注射剂在贮存期的保管，应根据药物的理化性质，并结合其溶液和包装容器的特点，以及药典规定的条件，综合考虑贮藏与保管条件和方法。

1. 水溶液注射剂

氨基水杨酸钠、维生素类等注射剂，在保管中注意采取各种遮光措施，防止紫外线照射。此外还有中草药注射剂，由于其含有一些不易除尽的杂质（如树脂、鞣质）或所含成分（如醛、酚、苷类）性质不稳定，故在贮存过程中可因条件的变化易发生氧化、水解、聚合等反应，会逐渐出现混浊而沉淀，也会因温度的改变（高温或低温）促使其析出沉淀。因此，中草药注射液一般都应避光、避热、防冻保存，并注意水溶液注射剂因以水为溶剂，包括水混悬剂注射剂、乳浊型注射剂，故在低温“先产先出”使用。

2. 油溶液注射剂

油溶液注射剂的溶剂是植物油，由于内含不饱和脂肪酸，遇日光、空气或贮存温度过高，其颜色会逐渐变深而发生氧化酸败，故油溶液注射剂一般都应避光、避热保存。

3. 注射用粉针

注射用粉针有两种包装，一种为小瓶装，另一种为安瓿装。小瓶包装的封口若为胶塞铝盖封口的注射用粉针，在保管过程中应注意防潮，贮存于干燥处，也不能放入冰箱内，并且不得倒置，以防药物与橡皮塞长时间接触而影响药物质量。有效期规定的应注意“先产先出，近期先出”的原则保管使用。安瓿装的注射用粉针是熔封的、不易受潮，故一般比小瓶装的稳定，但安瓿装的注射用粉针应根据药物本身性质进行保管。

（二）片剂的贮藏保管

片剂系指药物或提取物经加工压制成片状的口服或外用制剂。片剂除含有主要药物外，还加有一定的辅料，如淀粉等赋形剂，因此，极易吸湿、松片、裂片，以致黏结、霉变等。在湿度较大时，淀粉等辅料易吸收水分，可使片剂发生松散、发霉、变质等现象；其次温度、光照也能导致某些片剂失效。所以，片剂的贮藏保管，不但要考虑所含原料药物的性质，而且要结合片剂的剂型、辅料及包装等综合考虑。片剂的贮藏保管要求是密封贮藏，置于兽药室内凉爽、通风、干燥及避光处保存。贮存片剂的兽药室，空气相对湿度以60%~70%为宜，最高不得超过80%。相对湿度超过80%时，则应注意防潮、防热措施。

（三）生物制品的贮藏保管

羊用生物制品主要包括供预防用的疫苗和类毒素，供治疗和紧急预防用的免疫血清、抗毒素、干扰素、免疫增强剂等。羊用生物制品多是用微生物或其代谢产物所制成，从化学成分上看，多具有蛋白质特性，而且有的生物制品本身就是活的微生物。生物制品一般都怕热、怕光，有的还怕冻，保存条件直接会影响到生物制品的质量。生物制品最适宜的保存条件是2~10℃的干燥避光处。温度越高，保存时间越短。活疫苗除干燥制品不怕冻结外，其他制品一般不能在0℃以下保存。生物制品的保管必须按其说明书要求进行。

（四）限制药的保管

限制药也称限制性剧药，主要包括麻醉药、毒药、剧药和危险药品。

1. 麻醉药、毒药和剧药的保管

麻醉药有吗啡、盐酸哌替啶（杜冷丁）等；毒药系指药理作用剧烈、安全范围小、极量与致死量非常接近、容易引起中毒或死亡的药品，如硫酸阿托品、洋地黄苷等；剧药系指药理作用剧烈、极量与致死量比较接近、对机体容易引起严重危害的药品，如盐酸普鲁卡因、甲硫酸新斯的明、巴比妥、苯巴比妥等。对于麻醉药、毒药和剧药，必须用专库、专柜、专人加锁保管，并有明显标记，每个品种须单独存放，各品种间留有适当间距。

2. 危险药品的保管

危险药品系指遇光、热、空气等易爆炸、自燃、助燃或有腐蚀性、刺激性的药品。包括爆炸品如苦味酸；易燃液体如乙醚、乙醇、松节油等；易燃固体如硫黄、樟脑等；腐蚀药品如盐酸、浓氨溶液、苯酸等。危险药品必须贮存在危险品仓库内，按危险品的特性分类存放，并要间隔一定距离，禁止与其他药品混放。危险药品仓库要远离火源，还要配备消防设备。

（五）预混剂的贮藏保管

预混剂是指一种或两种以上的药物与适宜的基质均匀混合制成的粉末状或颗粒状制剂，作为药物添加剂的一种剂型，专供于混料给药，如杆菌肽锌预混剂、伊维菌素预混剂等。

预混剂在贮存过程中，温度、湿度、空气及微生物等对其质量均有一定影响，其中以湿度影响最大。预混剂吸湿后可引起药物结块、变质或受到微生物污染等，由于预混剂吸湿性比较显著，因此，在保管中防潮是关键。一般预混剂均应在干燥处密闭、低温、避光保存，同时还要结合药物的性质、散剂剂型和包装的特点考虑。

第三节　科学给药方法

一、内服给药方法与技术

（一）混料给药

将兽药均匀混入羊用精料补充料中，让羊群吃料时能同时吃进药物，称为混料给药。此法简便易行，适用于羊场羊群投药。不溶于水的药物用此法更为适宜。应用此法时，要注意以下 3 个方面。

1. 药物剂量要准确

在进行羊用精料补充料给药时，应按照精料补充料给药剂量，准确、认真地计算所用药物剂量。若按羊只每千克体重给药，应按照要求把药物拌入精料补充料。此外，还要求羊群在规定时间内，将混饲药物饲料采食干净，一般不能超过 2h，因为有些药物在饲料中时间过长会影响药效。有些适口性差的药物，混料给药时，要少添多喂。

2. 药物与饲料要混合均匀

在药物与羊用精料补充料混合时，必须搅拌均匀，尤其是一些安全范围较小的药物，一定要均匀混合。为保证药物与精料补充料混合均匀，通常采用分级混合法。即把全部要用的药物量先加到少量精料补充料中，充分混合后，再加到一定量精料补充料中，再充分混匀，然后再拌入计算所需的精料补充料中。

3. 避免不良作用

混料给药的精料补充料中，不能有对药效有影响的物质，而且精料补充料中添加的药物最好是经过包被的预混剂，如黄霉素预混剂、伊维菌素预混剂，禁止用原料兽药直接添加到混合料中。此外，精料补充料在添加药物的同时，也可添加诱食剂。大群羊用药前，最好先做小批羊用药后的毒性及药效试验，避免发生不良作用。

（二）混水给药

当羊场羊群暴发疾病、病情严重需要紧急用药、羊群发病后采食量过小，或者羊因病不能吃料但还能饮水，可以采用混水给药。混水给药是将药物溶解于饮水中，让羊群通过饮水获得一定剂量的药物。有些疫苗也可用此法投服。但要注意的是，禁止将原料兽药直接添加到饮水中。由于羊群在饮水时往往有部分损失，用药剂量应适当加大，但要注意用药后羊群有无不良反应，同时还要注意以下几点。

1. 适当停水并计算药量与药液浓度

混水给药须注意根据羊只或羊群可能饮水的量，计算药量与药液浓度。羊群在给药前，一般应停止饮水半天，以保证每只羊能饮到一定量的水。

2. 注意水质和药效

饮用水要清洁、无污染，不能含有任何对药效有影响的物质，所用药物应易溶于水，并注意药物的适口性。有些药物不能在水中添加，如氟苯尼考难溶于水、恩诺沙星有苦味。有苦味的药物加在水中或饲料中影响羊的采食和饮水，而影响药物的摄入。因此，使用有苦味的药物时要注意用药途径。羊饮水给药时间一般为2~3d，不宜过长。有些药物在水中时间过长，易被破坏变质，此时应限时饮用药液，以防止药物失效。

3. 槽位充足

要有充足的清洁饮水槽，以保证每只羊在规定时间内获得足量饮水。

（三）灌服给药

给羊灌服药物可采用长颈瓶投药法、药板投药法、胃管投药法和灌肠给药法。

1. *长颈瓶投药法*

此法适用于稀释后的溶液。将配制好的药液装入长颈的酒瓶或塑料瓶，由一个人拉住羊后，保定并抬高羊的头部，并使口角与角根呈水平状态。灌药者右手持药瓶，左手用食指、中指自羊右口角伸入口中，轻轻压住舌面，羊口即张开。然后右手将药瓶口从右口角插入羊口中，瓶口伸到舌面中部，即可抬高瓶底将药物灌入。注意不可连续灌服，待羊吞服几口后，休息片刻再灌为宜。

2. *药板投药法*

此法专用于舔剂，将药物按一定剂量混入面糊做成舔剂。投药时应使用表面光滑又无棱角的竹制或木制的舌形药板。由一个人拉住羊并骑在羊背上保定。操作者站在羊正面，用左手的食指、中指伸入羊口中，压住舌面，使口张开，同时大拇指抵住上颌将舌拉出。右手持药板，用药板顶端抹取舔剂，迅速从右口角送入口内舌根部，把舔剂抹在舌根部，待羊咽下后再抹第二次，如此反复进行直至把舔剂抹完。此法也可用于片剂或丸剂的投服，不使用药舌板，直接以右手将片剂或药丸送到口腔内舌根部。

3. *胃管投药法*

用胃导管经口腔直接插入食道内灌服，此法适用于灌服大量水剂或有刺激性的药液。灌药时，胃导管插入不宜过浅，严防药物浸入气管而导致异物性肺炎或窒息死亡。插胃导管前还必须用开口器使羊的嘴巴张开，如无开口器也可自制，方法为找一块粗细合适的硬木棒，中间打一个孔，直径要比胃导管粗。先装好开口器，用绳固定在羊头部。将胃管通过木质开口器中间孔，沿上腭直插入咽部，借舌咽动作胃管可顺利进入食道，继续深送，胃管即可达到胃内。如果胃管误插入气管，则羊表现不安，时有咳嗽，此时应立即拔出胃管重新操作。胃导管插入正确后，即可接上漏斗灌药，药液灌完后，再灌少量清水后，用拇指堵住胃管口慢慢抽出。患咽炎、咽喉炎或咳嗽严重的病羊，不可用胃导管灌药。

4. 灌肠给药法

先把羊站立保定，配好的灌肠药液与羊体温相一致，不可过热或过凉，药液盛于盒内。用小型胃管或一端磨圆的橡皮管，前端涂上凡士林或植物油，插入肛门直肠内 8~10cm；另一端接上漏斗，加入灌肠药液后，高举漏斗以增大压力，使药液流入直肠。一般先灌入少量药液，软化直肠内积粪，待排净积粪后再大量灌入药液，直至灌完。灌肠完毕后，用一只手压住肛门和尾根，另一只手按压羊的腰荐部，以防药液流出，待停留一会儿后，再松手拔出橡皮管。灌肠时，最好把羊牵到缓坡或台阶上，羊头在下，羊屁股在上，呈前低后高姿势，可防药液流出。

二、注射给药方法与技术

（一）肌内注射法

肌内注射法是将药液注入羊的肌肉内。肌肉内血管分布较多，吸收药液较快，刺激性弱和难吸收的药液（水剂、混悬液）以及某些疫（菌）苗可进行肌内注射。因肌肉致密，只能注射少量药液。

1. 注射部位

羊多在颈侧及臀部。

2. 注射方法

保定住羊，注射部位剪毛消毒。兽医左手固定于注射局部，右手持注射器，将针头垂直刺入肌肉内 2~3cm（羔羊酌减），抽动注射器活塞，无回血现象时即可缓慢注入药液。注射完后，用酒精棉球压迫针孔处拔出针头。

3. 注意事项

对刺激性较强的药物不宜采用肌内注射。为防止针头折断，应将针头垂直刺入肌肉，注意不可将针头的全长完全刺入肌肉内，一般只刺入全长 2/3 即可。日龄较小和体重较轻的羊羔，可选择小号、短一些的针头以45°左右的角度倾斜进针。

（二）皮内注射法

皮内注射是将药液注入羊表皮和真皮之间的注射方法，多用于诊断和某些疫苗接种，一般在皮内注射药液或疫苗0.1~0.5mL。

1. 注射部位

在羊的颈侧中部和尾根内侧。

2. 注射方法

注射局部剪毛后用2%~5%碘酊消毒，70%~75%酒精脱碘。使用小容量注射器与短针头，吸取药液后，以左手大拇指和食指、中指固定（绷紧）皮肤，右手持注射器，使针头几乎与注射部位的皮面呈平行方向刺入皮内后，放松左手，并固定针头与注射器交接处。右手注入药液，并感到推药时有一定阻力，至皮肤表面形成一个小圆形丘疹，俗称“皮丘”即可。

3. 注意事项

注射部位一定要判断准确，否则将影响诊断和预防接种的效果。应将药液注入表皮和真皮之间，一定要形成一个“皮丘”。注射部位不可用棉球按压揉搓，否则形成不了“皮丘”。

（三）皮下注射法

皮下注射法是将药液注入皮下结缔组织内的注射方法。常用于易溶、无刺激性的药物及某些疫苗等注射，如阿托品、肾上腺素、炭疽芽孢苗等。

1. 注射部位

多在皮肤较薄、富有皮下组织的部位，羊多在颈侧、背胸侧和股内侧。

2. 注射方法

先对羊保定，注射局部剪毛消毒；然后用左手指提起皮肤，使这部位皮肤呈三角皱褶。右手在皱褶中央将注射器针头斜向刺入皮下，一般针头与皮肤呈45°，深度为刺入针头的2/3（根据羊体型适当地调整）或深度3cm左右。这时放开左手，将药液推入组织内，拔出针头后再消毒 1 次，并用酒精棉球轻揉注射部位皮肤，以使药液加速消散和吸收。

3. 注意事项

刺激性大的药物不要皮下注射，否则易引起局部炎症、肿胀和疼痛。皮下注射时，每一个注射点不宜注入过多的药液，药量多时可分点注射。注射后最好对注射部位轻度按摩或温敷为宜。

（四）静脉注射法

静脉注射是将药液注入静脉，刺激性很强或注射剂量较大的药物，不宜进行肌内或皮下注射，可以将药液直接注入静脉。注射方法有推注和滴注两种，其中推注在羊场临床上常用。静脉注射法也是治疗危重病羊的主要给药方法。

1. 注射部位

羊多在颈静脉上 1/3 与中 1/3 的交界处，波尔山羊也可在耳静脉。

2. 注射方法

羊站立或侧卧保定，注射部位剪毛消毒，用左手大拇指按压颈静脉的近心端，使其怒张，其余四指在颈的对侧固定。右手持针头或注射器，将针头向斜上方刺入静脉，松开左手见到有回血后，再将药液慢慢注入。注射完毕后，以干棉球或酒精棉球按压穿刺点，迅速拔出针头。局部按压片刻，防止出血。如药液量大，也可用输液器进行静脉滴注输液。

3. 注意事项

应严格遵守无菌操作规程，对所有注射用具、注射部位均应严格消毒。羊颈静脉注射一般选用 9 号、12 号或 16 号长针头，穿刺时检查针头是否通顺，当针头被血凝块堵塞，应及时更换。静脉注射量大时，速度不宜过快；药液的浓度以接近等渗为宜；注入药液前应排净注射器或输液胶管中的气泡。此外，静脉注射过程中，要注意病羊表现，如有骚动不安、出汗、气喘、肌肉战栗等现象应及时停止。

三、外用给药方法与技术

（一）药浴法

药浴的目的是预防和治疗羊体外寄生虫病，如疥癣、羊虱等。根据药液利用的方式，可将药浴分为池浴、淋浴、盆浴，其中在规模大的羊场采用池浴、淋浴。

1. 羊场药浴的时间

定期药浴是羊饲养管理的重要环节。有疥癣病发生的羊场，每年对羊群进行两次药浴，一次是预防性药浴，在夏末秋初进行；另一次药浴一般在剪毛后10~15d进行，这时毛茬较短，药液容易浸透，防治效果更好。药浴时间通常选在晴朗无风之日进行。为了达到更好的防治体外寄生虫效果，不论采用何种药浴方式，最好在第一次药浴后第8~14d应进行第2次药浴。

2. 药浴可选用的药品

可选用0.5%~1%敌百虫溶液、0.05%蝇毒磷乳剂水溶液、0.05%双甲脒溶液、0.025%~0.75%伊虫净、0.05%辛硫磷乳油水溶液（100kg水加50%的辛硫乳油50g）等。药液配制宜用软水，加热到60~70℃，药浴时药液温度为20~30℃。

3. 药浴方法

（1）池浴法。池浴适合大中型羊场。药浴池用砖、石、水泥建造成长10~15m、深1.1m、上口宽0.6~0.8m、下口宽0.4~0.6m，入口为陡坡，出口为有台阶的缓坡，以有利于羊的攀登。入口处设置候浴羊栏，是羊群等候入浴的地方。出口处设滴流药液台，出浴的羊群在此短暂停留，使身上的药液流回药浴池内。候浴羊栏和滴流药液台都修成水泥地面。药浴池内药液要根据羊的种类保持深度70~100cm，以没过羊的躯干为标准。药浴时饲养人员和兽医手持带叉木棒，要在药浴池两旁控制羊群缓慢行走，并使其头部抬起不致浸入药液。但当羊接近出口时，要有意用带叉的木棒将羊头部压入药液1~2次，可防治头部寄生虫病。羊群在药浴池内2~3min后即可出池，在滴流药液台停留 5min 后再放出。

（2）淋浴法。淋浴适于各类羊场。需要专门的淋浴场和喷淋药械，每只羊喷淋 3~5min，用药水 2.4kg。淋浴时先将羊群赶入淋浴场，开动药浴水泵进行喷淋，经 2~3min 淋透全身后即可关闭药浴水泵，将淋毕的羊只赶入滤液栏中，经 10~20min 滴干药液后放出羊群。规模小的羊场可采用背负式喷雾器或杆式喷雾器，逐只地进行喷淋。

（3）盆浴法。小型羊场可采用盆浴法，是在适当的盆或缸中配好药浴后，用人工方法抓住羊，将羊只逐个洗浴的方法。

4. 药浴注意事项

① 药浴应选择晴朗无大风天气进行，于日出后的上午进行。

② 药浴前 8h 停止放牧，浴前 2~3h 给羊饮足水，防止羊只误饮药液。

③ 药浴前，应选用体质较弱的 3~5 只羊试浴，无中毒现象后才按计划组织药浴。药浴时，先药浴健康羊，后浴有皮肤病的羊。妊娠两个月以上的母羊或有外伤的羊暂时不进行药浴，可在产后皮下注射伊维菌素或阿维菌素（注射一次）防治。

④ 所有羊只药液应浸满全身，尤其是头部也一定要用带叉的木棒按压头部 2 次浸入药液中药浴。

⑤ 药浴后羊群要在阴凉处休息 1~2h 后，即可放牧。

⑥ 哺乳期母羊在药浴后 2h 内不得母仔合群，防止羔羊吸乳时中毒。

⑦ 对患疥癣病的羊，第一次后隔 2 周重复药浴 1 次。

⑧ 药浴时，兽医和工作人员应戴口罩和橡皮手套，以防中毒。

⑨ 药浴结束后，药液不能任意倾倒，应清出后深埋，以防动物误食中毒。

⑩ 羊场在羊群药浴后的当天晚上，应有人值班观察药浴的羊群，应对出现中毒症状的个别羊及时救治。

（二）洗眼法与点眼法

洗眼法与点眼法主要用于各种眼病，特别是结膜与角膜炎症的药物治疗。

1. 用具

有冲洗器、洗眼瓶、胶帽吸管等，也可用20mL注射器。

2. 药物

可用的药物有3.5%盐酸可卡因溶液、0.5%硫酸锌溶液、2%~4%硼酸溶液、0.01%~0.03%高锰酸钾溶液、0.5%阿托品溶液及生理盐水等。此外还有抗生素眼膏和其他药物配制的眼膏及抗生素配制的点眼药液。

3. 方法

羊站立保定，固定好头部，用一手拇指与食指翻开上下眼睑，再用另一手持冲洗器从前端斜向内眼角，徐徐向眼结膜上灌注药液冲洗眼内分泌物。冲净后用点眼瓶将药液滴入眼内，闭合眼睑，用手轻轻按摩1~2次眼睛，促进药液在眼内扩散。如用眼膏可直接将眼药膏挤入结膜囊内。

4. 注意事项

冲洗病羊眼睛时，防止羊骚动。洗眼器或点药瓶与病眼不能接触，并不允许与眼球成垂直方向冲洗，以防感染和损伤角膜。

（三）阴道与子宫冲洗法

阴道与子宫冲洗法适用于繁殖母羊阴道炎和子宫内膜炎的治疗，主要是为了排出阴道或子宫内的炎性分泌物。

1. 用具及药品

用输液瓶或连接长胶管的盐水瓶，也可用小型灌肠器（末端接带漏斗的长胶管），用前洗净消毒。冲洗液为0.1%~0.5%高锰酸钾溶液、0.1%利凡诺溶液或微温生理盐水等。阴道或子宫冲洗后，可放入抗生素或其他抗菌消炎药物。

2. 方法

操作者手及手臂常规消毒，患病母羊保定后充分洗净患病母羊外阴部。操作者手握输液瓶或漏斗连接的长胶管，缓慢插入子宫颈口，再缓慢导入子宫，然后提高输液瓶或漏斗，药液可通过导管流入子宫。冲洗液快注完时，迅速把输液瓶或漏斗放低，借虹吸作用使子宫内液体自行排出。用此法反复冲洗 2~3 次，直至流出的液体与注入的液体颜色基本一致为宜。阴道的冲洗是把导管一端插入阴道内，提高输液瓶或漏斗，冲洗液即可流入阴道，借病羊努责，冲洗液可自行排出，如此反复至冲洗液颜色透明为止。

3. 注意事项

① 严格遵守消毒规则，插入导管时要谨慎，预防子宫壁穿孔。

② 子宫积脓或子宫积液的病羊，应先将子宫内积液排出之后，再进行冲洗。

③ 注入子宫内的药液，尽量充分排出，必要时可按压患羊腹壁促使排出。

第四节 合理用药

一、合理用药的前提

药物的疗效一般取决于 3 种因素：药物的剂量、全量的用药和机体反应状态。羊场兽医的合理用药是取得良好疗效的关键，因此，羊场兽医在临床中需要药物治疗时，必须先正确解决的问题：具有疗效兽药选择；制定适宜的治疗方案（剂量、给药途径、疗程）；怎样才能使所要选择和使用的药物达到预期的治疗目的，真正达到药到病除的效果。

二、合理用药的标准

（一）药物选择正确无误

药物选择正确无误，这是临床上使用兽药的主要标准。兽医在羊疾病防治过程中，使用药物的作用有 3 个方面：一是消除病因，如选用抗生素可抑制或杀灭病原微生物，选用维生素或微量元素能治疗相应的缺乏症；二是减轻或消除症状，如选用抗生素可退热、止腹泻，选用硒和维生素 E 可消除羔羊白肌病等；三是增强机体的抵抗力，如选用维生素、微量元素可构建和强壮机体，维持机体正常结构和功能，提高免疫力等。临床上如果药物选择错误，就难以或根本起不到防治羊疾病的作用。

（二）用药有明确的指征

要针对患羊的具体病情，一般用药首先要考虑对因治疗，但也要重视对症治疗，两者巧妙地结合能取得更好的疗效。但是，用药有明确的指征这是临床用药必须遵守的一个标准，如有效地防治寄生虫病需要使用驱虫药，而不能选用其他药物。

（三）疗效好、安全性高、使用方法简便、价格适宜

羊场临床用药上，一定要选用药效可靠、安全、方便、价廉易得的药物制剂。也只有选用疗效好、安全性高、使用方法简便、价格适宜的兽药，才有可能保证防治羊病的效果，并能降低羊场生产成本。

（四）剂量、用法、疗程妥当

剂量、用法、疗程妥当，这是对羊场兽医用药的一个最基本标准要求。剂量不准确、用法不合规定，疗程可长可短，是一个无技术兽医的表现，其后果是根本治不好羊病。

（五）用药对象适宜、无禁忌证、不良反应小

羊场临床上不合理用药也是“病态”处方，主要包括：使用药物而没有适应证，在需要治疗时使用了错误的药物，使用安全性不确定的药物，不正确的给药剂量或疗程。羊场兽医特别要注意用药对象要适宜，成年羊与幼龄羊、肉羊与种羊在用药上是有区别的。如怀孕母羊就不能用泻下药，否则会造成流产。几乎所有的兽药不仅有治疗作用，也存在不良反应。因此，羊场兽医在防治羊病时，尽量选用无禁忌证和不良反应小的兽药，以免造成不良后果。

三、合理用药的原则

（一）正确诊断

羊场兽医要使羊病痊愈，关键在于对羊疾病正确的诊断和治疗。

疾病的诊断是治疗的基础，没有正确的诊断，合理用药就无从谈起。任何药物合理应用的先决条件是正确的诊断，没有对羊发病过程的认识，药物治疗便是无的放矢，反而可能耽误羊疾病的治疗。因此，对疾病的正确诊断十分重要。诊断的技术也日新月异，如血清抗体检测、病原分离等应用，都是提高临床治疗效果所必需的。因此，有条件的羊场在诊断羊病时，最好结合临床诊断与化验室检验。

（二）用药指征明确

药物治疗羊病仍然是治疗疾病的基本手段。因此，临床用药必须有明确的指征，明白用药的目的。用药前必须分析因果，明确诊断，然后有的放矢地选用药物。而且对于一些对症治疗的药物，除明确选用药物目的外，要权衡药物对疾病过程影响的利弊，以及应用注意的问题。如严重急性感染性疾病，可选用短期激素如地塞米松治疗，目的在于抑制炎症反应，抗毒素和退热作用，可迅速缓解症状。但由于激素有抑制免疫反应的不利因素，因此，必须在足量而有效的抗菌药物同用下应用。此外，还应注意剂量和方案，以免引起病情反复，导致疾病恶化。

（三）了解药物的动力学知识

羊场兽医了解药物动力学常识就是熟悉药物在机体内代谢过程与病理状态的关系。兽药制剂可分为注射和口服两大类，它们的适应证多数相同，但也可不同。注射剂因起效快，常供急性或较重症病羊使用。对于采食困难的病羊，也可采用注射剂。治疗全身性感染疾病，如链球菌病等的药物大都需要吸收到体内，分布到作用部位，然后发挥治疗效应。药物进入体循环后大都能分布到体液及组织脏器中，但一般不易透过血脑屏障到达脑部。因此，头部感染的疾病需要药物进入脑脊液，注意选用脑脊液浓度较高的药物，如抗生素中的氯霉素类、氨苄青霉素、部分磺胺类及第三代头孢菌素等，在普通给药途径下即可达到治疗细菌性脑膜炎的效果。

（四）预期药效与不良反应

根据疾病的病理生理学过程和药物的药理作用特点以及它们之间

的相互关系，在临床用药时，药物的效应是可以预期的。但是，羊场兽医要明白，药物的疗效一般取决于3种因素：药物剂量、全量的用药和羊机体反应状态。合理用药是取得良好疗效的关键，这就需要羊场兽医确定病羊需要药物治疗时，必须正确地解决“具有疗效药物选择”和“制定适宜的治疗方案（剂量、给药途径、疗程）”等问题，才能达到预期的治疗目的。此外，要注意药物的禁忌证及引起不良反应的生理和病理因素等。在临床用药时应准确地预测药物可能的临床效果以及可能出现的不良反应，这样才能做到更好地治疗疾病。几乎所有的兽药不仅有治疗作用，也存在不良反应。临床用药时必须了解羊疾病和治疗的复杂性，对治疗过程做好详细的用药计划，认真观察将出现的药效和毒副作用，随时调整用药方案。

（五）避免使用多种药物或固定剂量的联合用药

目前，兽医在临床治疗中合用多种药物日益普遍。合并用药的目的应该是提高疗效、扩大治疗范围或减少不良反应。然而，合并用药不当反而使药效减弱、毒性增高或出现严重反应，甚至引起药源性死亡。合并应用药物的种类愈多，不良反应的发生率也愈高。因此，羊场兽医在确定诊断以后，其任务就是选择最有效、安全的药物进行治疗，一般情况下不应同时使用多种药物，尤其是抗菌药物。除了具有确实的协同作用的联合用药外，还要慎重使用固定剂量的联合用药，如某些复方制剂，因它会使临床兽医失去根据羊的病情需要，调整药物剂量的机会和给药方案。

（六）正确处理对因治疗与对症治疗的关系

对因治疗与对症治疗是药物治疗作用反应的两个方面。在羊病临床治疗中，凡是能消除原因的治疗称为对因治疗，也称治本。如对中毒的羊使用解毒药消除体内的毒物就属于对因治疗。对症治疗是指能消除或改善疾病的症状，也称治标。如发烧时服用退烧药。临床用药时，一般首先要考虑对因治疗，但也要重视对症治疗，两者巧妙地结合将取得更好的疗效。对此，我国传统中医理论有精辟的论述：“治病必求其本，急则治其标，缓则治其本”。即对因治疗可解除病因使症状消除，而对症治疗可防止疾病的进一步发展。

四、科学合理使用兽药的注意事项

（一）配伍用药合理

临床用药时，既要考虑药物的协同作用，减轻不良反应，同时还应注意避免药物间的配伍禁忌，尤其应注意避免药理性配伍禁忌。药理性配伍禁忌包括药物疗效互相抵消和毒性的增加，如胃蛋白酶和小苏打片配伍使用，会使胃蛋白酶活性降低。再如，在静脉滴注的葡萄糖注射液中加入磺胺嘧啶钠注射液，几分钟即可见液体中有微细的磺胺嘧啶结晶析出，这是磺胺嘧啶钠在 pH 值降低时必然出现的结果。药物学上两种以上药物混合使用或药物制成制剂时，可能发生的体外相互作用，使药物出现中和、水解、破坏、失效等理化反应，这时可能发生浑浊、沉淀、产生气体及变色等外观异常的现象，被称为配伍禁忌。在临床用药上应认真对待药理性配伍禁忌。由于物理性质的改变，会使药物发生变化，既可以使两种药物化学本质发生变化而失效，有时还可能产生有毒的反应。如解磷定与碳酸氢钠注射配伍时，可产生微量氰化物而增加毒性，再如泰妙菌素与盐霉素同时使用会中毒，还有碱性药物与酸性药物混合使用相互影响药效的问题。另外，碱性药物如磺胺类药物对水质较硬的水也会起反应，水中过多的钙、镁离子与碱性药物中的氢氧根离子产生化学反应，出现沉淀，使药物失效。因此，羊场在混水给药时，最好不要用井水。

（二）注意联合用药及药物的相互作用

临床上同时使用两种以上的药物治疗疾病，称为联合用药，其目的是提高疗效。但同时使用两种以上药物，在机体的器官、组织或作用部位药物均可发生作用，使药效或不良反应增强或减弱。一般来讲，药物之间的联合应用会对药物的药效产生很大影响，如庆大霉素与青霉素类药物联合使用时，庆大霉素疗效降低。因此，联合用药时如果忽视了药物间的相互作用往往会适得其反，几种药物间互相影响，其效果还不如用一种药物理想。

(三) 选择最适宜的给药方法

临床上给药方法应根据病情缓急、用药目的以及药物本身的性质等决定，一般要求病情危重或药物局部刺激性强时，以静脉注射为好。治疗消化系统疾病的药物多经口投效果好。局部关节、子宫炎等炎症可在局部注入给药疗效高。

(四) 适宜的剂量与合理的疗程

《中国兽药典》和《中国兽药规范》中剂量适用于多数成年动物，对于老弱、病幼的个体，特别是肝、肾功能不良的个体，在没有规定剂量时，应酌情调整。合理的疗程是指治疗慢性疾病的羊疗程可长，急性疾病的羊疗程要短，要根据病羊的病情和疗效来确定合理的疗程。

(五) 注意兽药的无公害化

兽药具有防治食用性动物疾病、促进生长、提高饲料利用率等功效，已经在实践中得到证实。但另外，兽药的不合理使用和滥用，也有一些副作用，如残留、耐药性、环境污染等公害，影响养殖业的持续性发展乃至人类社会的安全。因此，兽医在临床用药上要选择符合兽药生产国家标准的药物，不使用禁用药物、人用药物、过期药物、变质药物、劣质药物和淘汰药物。因为这些药物会使病原菌产生耐药性和造成药物残留，危害消费者食用这样的动物产品后的健康。农业部根据《兽药管理条例》和农业部第 426 号公告规定，已公布首批《兽药地方标准废止目录》，危害动物及人类健康的 6 类药被禁止生产、经营和销售。一是沙丁胺醇、呋喃西林、呋喃妥因和替硝唑，属于农业部 193 号公告禁用品种；卡巴氧因安全问题、万古霉素因耐药性问题而影响我国食品安全、公共安全以及动物性食品出口。二是金刚烷胺类等人用抗病毒药移植兽用，缺乏科学规范、安全有效试验数据。用于动物病毒性疫病，不但给动物疫病控制带来不良后果，而且影响国家动物疫病防控政策的实施。三是头孢哌酮等人医临床控制使用的最新抗菌药物用于食品动物，会产生耐药性问题，影响动物疫病控制、食品安全和人类健康。四是代森铵等农用杀虫剂、抗菌药用作兽药，缺乏安全有效数据，对动物和动物性食品安全构成威胁。五是人用抗病药和解热镇痛、胃肠道药品用于食品动物，缺乏残留检测试验数据，会增加动物性食品中药物残留危害。六是组方不合理、疗效不确切的复方制剂，增加了用药风险和不安全因素。此外，兽医不仅需要熟悉大量用于诊断、预防、控制及治疗动物疾病的各种药物制剂的药效和毒性作用，而且必须了解各种动物在应用不同药剂后，于屠宰前需要特定的休药期。必须根据药品的用药指示，严格遵守关于休药期的规定。此外，只准用肌内或皮下、皮内注射的药物，不能通过其他途径给药等。以未经许可的途径给药，将药物用于未经许可的动物或违反特定的限制，将不可避免地导致供人食用的动物产品中出现不合规定的残留物。实践已证明，严格淘汰经实践证明不安全的兽药品种，并用安全、高效、低毒的药品取代之，这是防止药物对动物产生直接危害，并控制兽药和其他化合物及其代谢产物在食用性动物体内的残留对人体产生有害影响，以及对环境造成污染的有效措施之一。

第十一章　兽药种类及科学使用要求

第一节　抗微生物药物

一、抗微生物药物的概念和科学安全使用要求

（一）抗微生物药物的概念和种类

1. 抗微生物药物的概念

抗微生物药物是能在体内外选择性地杀灭或抑制病原微生物（细菌、真菌、支原体、病毒等）的药物。

2. 抗微生物药物的种类

（1）根据作用或应用特点分类。抗革兰氏阳性菌：青霉素类、红霉素、林可霉素等；抗革兰氏阴性菌：链霉素、卡那霉素、庆大霉素等；广谱抗生素：四环素类、氯霉素类等；抗真菌：制霉菌素、灰黄霉素、两性霉素等；抗寄生虫：伊维菌素、潮霉素 B、越霉素 A、莫能菌素等。

（2）根据化学结构分类。β-内酰胺类：青霉素类、头孢霉素类等；氨基糖苷类：链霉素、庆大霉素、卡那霉素等；四环素类：土霉素、四环素、金霉素等；氯霉素类：甲砜素、氟苯尼考等；大环内酯类：红霉素、泰乐菌素、替米考星等；林可胺类：林可霉素、克林霉素分；多肽类：杆菌肽、黏菌素、那西肽等；多烯类：两性霉素 B、制霉菌素等；聚醚类：莫能菌素、盐霉素、马拉霉素等；含磷多糖类：黄霉素等；磺胺类：磺胺嘧啶、磺胺二甲嘧啶等。

（二）羊场兽医应用抗生素药物的误区

1. 用药量越大，治疗效果越好

有一些兽医在临床用药上认为使用抗生素的剂量越大，治疗效果就越好，因而在临床用药上经常出现盲目地加大药物使用剂量的现象。抗生素药物使用量过大，不仅造成药物的浪费、增大羊场生产成本的支出，严重时更可引起毒性反应、过敏反应和二重感染，甚至还会造成死亡。比如加大青霉素的用量，可干扰凝血机制而造成出血和中枢神经系统中毒，引起动物抽搐、大小便失禁，甚至出现瘫痪症状。

2. 羊一旦发病就使用抗生素

一些羊场兽医只要发现羊发病，如发烧、腹泻等，就盲目使用抗生素。有的兽医把青霉素和链霉素等当成万能兽药，只要羊只有病就使用。在一些羊场羊发病后，有些兽医在没有明确的用药指征的条件下，就滥用抗生素药物。

3. 用药后一旦有效就停止用药

羊场兽医一个最大失误是当羊病情较重时尚能给病羊按量用药，一旦病情缓解就停药。抗菌药物的药效依赖于有效的血药浓度，如达不到有效的血药浓度，不但不能彻底杀灭细菌，反而还会使细菌产生耐药性。即抗生素的使用有一个周期，如果用药时间不足，有可能见不到效果，即便见效，也应该用够必需的周期。羊场临床上如果见病羊有了一点效果就停药，不但治不好病，也可能因为残余细菌作用而反弹，又引起病情发展。

4. 频繁更换不同种类的抗生素药物

抗生素的疗效有一个疗程问题，如果使用某种抗生素的疗效暂时不好，首先应当考虑用药时间不足。此外，给药途径不当以及动物全身的免疫功能状态等因素也影响抗生素的疗效。在临床用药上，如果与这些因素有关，只要加以调整，疗效就会提高。频繁更换抗生素药物，会造成用药混乱，从而伤害羊体，而且很容易使细菌产生多种药物的耐药性，这是羊场兽医要注意的问题。

5. 单纯迷恋贵药和新药

兽药市场上贵药和新药五花八门，其实贵药和新药有很大部分也会采取贴牌。有些兽药厂家为了打开市场，吸引经销商和用户，在兽药包装上别出心意，打出贵药和新药的招牌。兽药并不是“便宜没好货，好货不便宜”的普通商品，只要用之得当，便宜的药物也可能达到药到病除的疗效。其实每种抗生素都有自身的特性，优势与劣势各不相同，如红霉素是“老牌”抗生素，价格也很便宜，它对于军团菌和支原体感染的肺炎具有相当好的疗效；而有些价格非常高的抗生素和三代头孢菌素针对这些病都不如红霉素。另外，新的抗生素的诞生往往是因为常用抗生素发生了耐药，如果常用抗生素有疗效，应当使用常用抗生素，而且这对羊场节约兽药开支也是一个途径。

（三）抗微生物药物科学安全使用要求

临床上抗微生物药物的使用已成为最广泛和最重要的抗感染药物，在控制动物的传染性疾病方面起着巨大的作用。但在临床用药上，正确且科学地应用抗微生物药物，是发挥抗微生物药物疗效的重要前提。因此，在使用抗微生物药物时必须注意掌握以下原则，可避免不合理地应用或滥用而产生的不良后果。

1. 正确诊断，严格掌握适应证

正确诊断是临床选择药物的前提。只有正确的诊断，才能了解其致病菌，从而选择对致病菌高度敏感的药物。抗微生物药物各有其主要适应证，临床上可根据临床诊断或实验室细菌学诊断来选用适当药物。特别是细菌学诊断针对性更强，通过细菌的药敏试验以及联合药敏试验，其结果与临床疗效的吻合度可达70%~80%。而且目前抗微生物兽药品种繁多，同类疾病的可选药物有多种，如对革兰氏阳性菌引起的疾病，可选用青霉素类、头孢菌素类、大环内酯类等，但对于每个特定的羊场羊群来说效果会大不一样。因此，有条件的羊场应做药敏试验再用药，同时也要掌握羊群的用药史以及以往的用药经验。

2. 控制剂量、掌握疗程、注意不良反应

（1）控制剂量，临床的药物用量与控制感染密切相关。药物剂量过小不仅无效，反而可能引起和促使耐药菌株的产生；药物剂量过大不一定增加疗效，甚至可能引起动物机体的严重损害，如氨基糖苷类抗生素用量过大可损害肾脏和听神经。临床用药一定要清楚药物的量效关系，药物在临床的常用量或治疗量应比最小有效量大，比极量小，这是常识和原则。

（2）羊场兽医用药一定要掌握好药物疗程。药物疗程应视羊病类型和病羊的病状而定，一般药物疗程应持续应用至羊体温正常，症状消退后2～3d，但疗程不宜超过5～7d；对急性感染的病羊，如临床用药效果不佳，应在用药后5d内进行调整，可适当加大剂量或更换药物；对败血症、山羊伪结核病等疗程较长的感染可适当延长疗程，或在用药5～7d后休药1～2d再持续治疗。

（3）注意不良反应。羊场兽医在用药期间要注意药物的不良反应，一旦发现应及时停药或更换药物，并对不良反应严重的病羊及时采取相应解救措施。

3. 病毒性感染及发热原因不明，避免使用抗菌药物

一般抗菌药物都无抗病毒作用，除并发细菌感染外，病羊发热原因不明时，除病情危急外，不要轻易使用抗菌药物。盲目使用抗菌药物会导致临床症状表现不典型，难以正确诊断，并延误及时治疗。

4. 正确联合用药

（1）联合用药必须有明确的指征。联合应用抗菌药的目的主要在于扩大抗菌谱、增强疗效、减少用量、降低或避免毒副作用，还可减少或延缓耐药菌株的产生。临床上一些严重的混合感染或病原未明的病例，当使用一种抗菌药物无法控制病情时，可以适当联合用药。但联合用药必须有明确的指征，即下列情况可以联合用药。

用一种药物不能控制的严重感染；病因未明且危及生命的严重感染；较长期用药，细菌产生耐药性时；毒性较大药物联合用药可使剂量减少，也可使毒性降低。

（2）联合用药不能盲目组合。联合用药必须根据抗菌药的作用特性和机理进行选择，才能获得联合用药的协同作用。即在联合用药

时要注意可能出现毒性的协同或相加作用，也要注意药物之间理化性质、药物动力学和药效学之间的相互作用与配伍禁忌。抗菌药物可分为四大类：第一类为繁殖期杀菌剂或速效杀菌剂，如青霉素类、头孢菌素类等；第二类为静止期杀菌剂或慢效杀菌剂，如氨基糖苷类、多黏菌素类；第三类为速效抑菌剂，如四环素类、氯霉素类、大环内酯类等；第四类为慢性抑菌剂，如磺胺类等。第一类和第二类合用一般可获得增强作用，如青霉素与链霉素合用，青霉素使细菌细胞壁合成受阻，合用链霉素，易于进入细胞而发挥作用，同时扩大抗菌谱；再如磺胺药与抗菌增效剂甲氧苄啶（TMP）或二甲氧苄啶（DD）合用，使细菌的叶酸代谢双重阻断，抗菌作用增强，抗菌范围也扩大。抗菌药物中第一类与第三类合用则可出现拮抗作用，如青霉素与四环素合用，由于后者使细菌蛋白质合成受到抑制，细菌进入静止状态，因此青霉素便不能发挥抑制细胞壁合成的作用；第一类与第四类合用，可能无明显影响；第二类与第三类合用常表现为相加作用或协同作用。

5. 强调综合性治疗措施

在临床用药上，当病羊细菌感染伴发免疫力降低时，应强调综合性治疗措施：尽可能避免应用对免疫有抑制的药物，如四环素和复方磺胺甲噁唑等，一般感染不必合用肾上腺皮质激素；使用足量抗生素，尽可能选用杀菌性抗生素；必要时采取纠正水、电解质平衡失调，也可使用免疫增效剂或免疫调节剂等；加强对病羊的饲养管理，以放牧为主的羊群，要单独对病羊舍饲一段时间，并给予优良的饲养条件，改善病羊身体状况。

二、常用抗微生物药物种类

（一）抗生素

抗生素是细菌、放线菌、真菌等微生物的代谢产物或化学合成法生产的相同或类似物质，它在低微浓度下对特异的微生物生长有抑制或杀灭作用，用于防治动物疫病和促进动物生长。除了抗菌作用外，有些抗生素具有抗病毒、抗肿瘤和抗寄生虫的作用。抗生素已成为当前和未来临床上不可缺少的最常用抗感染药物。

1. 青霉素类

青霉素类包括天然青霉素和半合成青霉素。前者的优点是杀菌力强、毒性低、价廉，但抗菌谱较窄。后者具有耐酸、耐酶和广谱等特点。按其抗菌作用特性，青霉素类可分为5组：第一组主要抗革兰氏阳性菌的窄谱青霉素，有青霉素G（注射用）、青霉素V（口服用）等；第二组为耐青霉素酶的青霉素，有苯唑西林、氯唑西林、甲氧西林等；第三组为广谱青霉素，有氨苄西林、阿莫西林等；第四组为对铜绿假单胞菌等假单胞菌有活性的广谱青霉素，有羧苄西林、替卡西林等；第五组主要作用于革兰氏阳性菌的青霉素，有美西林、匹美西林、替美西林等。羊场临床上最常用的还是青霉素类，因其价格低、疗效好，一直作为临床常用的抗菌药。

（1）青霉素G（青霉素、苄青霉素）。

【性状】青霉素G纯品是无色或微黄色的结晶或粉末，难溶于水，与钠、钾结合形成盐后则易溶于水。

【作用与用途】青霉素G对“三菌一体”即革兰氏阳性和阴性球菌、革兰氏阳性杆菌、放线菌和螺旋体等对其高度敏感，临床上常作为首选药。主要用于各种敏感菌感染的疫病，如炭疽、气肿疽、肺炎、各种呼吸道感染、破伤风、乳房炎、子宫内膜炎等。

【用法与用量】青霉素G钠或青霉素G钾，粉针剂，每支80万国际单位、160万国际单位，用时，以灭菌生理盐水或注射用水溶解，供肌内注射；以生理盐水或5%葡萄糖注射液稀释至每毫升500国际单位以下，作静脉注射，每天2~3次；每次每千克体重2万~3万国际单位，肌内注射，连用2~3d。

【注意事项】宜现配现用，不宜与四环素、卡那霉素、维生素C、碳酸氢钠、磺胺钠盐等混合使用。青霉素过敏反应是其主要的不良反应，一旦出现可用肾上腺素进行抢救。

（2）氨苄青霉素（氨苄西林、氨苄西林钠）。

【性状】半合成的广谱青霉素，白色或类白色的粉末或结晶，无臭，有引湿性，易溶于水。

【作用与用途】广谱抗生素，对革兰氏阴性及阳性菌均有较强的抗菌作用。主要用于羊的乳腺炎、子宫炎和肺炎等。与氨基糖苷类抗生素联合应用效果更好。

【用法与用量】肌内或静脉注射，一次量每千克体重 10~20mg，每天 2~3 次，连用 2~3d。

【注意事项】遇湿易分解失效。

(3) 阿莫西林（羟氨苄青霉素）。

【性状】类白色结晶性粉末，微溶于水。

【作用与用途】本品的抗菌谱与氨苄青霉素相似，但杀菌作用快而强，临床主要用于呼吸道、泌尿道、软组织等的感染。

【用法与用量】肌内注射，4~7mg/kg 体重，每天 2 次。

【注意事项】遇湿易分解失效。

2. 头孢菌素类

头孢菌素类又名先锋霉素类，是一类广谱半合成抗生素。头孢菌素类抗菌作用机理同青霉素，具有杀菌力强、抗菌谱广（尤其是第三、四代产品）、毒性小、过敏反应较小等优点。由于本类药物在人医的应用广泛及价格较高原因，临床应用不广。

(1) 头孢噻吩钠（先锋霉素Ⅰ）。

【性状】为半合成的第一代注射用头孢菌素。白色晶粉，久置后变暗，但不失效，易溶于水。

【作用与用途】主要用于耐青霉素金黄色葡萄球菌及一些敏感革兰氏阴性菌所引起的呼吸道、泌尿道、软组织等感染及败血症等。

【用法与用量】粉针剂，肌内注射，每千克体重 10~20mg，每天 1~2 次。

【注意事项】不宜与庆大霉素合用。

(2) 头孢氨苄（先锋霉素Ⅱ）。

【性状】白色晶粉，能溶于水。

【作用与用途】具有广谱抗菌作用。

用于敏感菌所致的呼吸道、泌尿道、皮肤和软组织感染。对革兰氏阳性菌抗菌活性较强。

【用法与用量】肌内注射，每千克体重 10~20mg，每天 1 次，连用 3d。

【注意事项】不宜与氨基糖苷类抗生素联用。

3. 氨基糖苷类

氨基糖苷类抗生素是一类由氨基环醇和氨基糖以苷键相连接而形成的碱性抗生素，主要对需氧革兰氏阴性杆菌有强大杀菌作用，有的品种对铜绿假单胞菌或金黄色葡萄球菌及结核杆菌也有效。氨基糖苷类抗生素与青霉素类或头孢菌类抗生素联用有协同作用。本类药物在碱性环境中抗菌作用较强，与碱性药（如碳酸氢钠、氨茶碱等）联用可增强抗菌效力，但毒性也相应增强。

（1）硫酸链霉素。

【性状】为白色或类白色粉末，有吸湿性，易溶于水。

【作用与用途】对革兰氏阴性菌有抑制作用，高浓度则有杀菌作用，抗菌谱比青霉素广。临床主要用于结核菌、巴氏杆菌、布氏杆菌、沙门菌、大肠杆菌等引起的肠炎、乳腺炎、子宫炎、肺炎、败血症等。

【用法与用量】粉针剂，每支 100 万国际单位（1g），有效期 4 年。肌内注射、一次量每千克体重 10mg，每天 2 次，连用 2~3d。

【注意事项】本品极易使细菌产生耐药性，与其他抗菌药合用可延缓耐药性产生。本品用量过大或时间过长，会引起较为严重的毒性反应。本品对其他氨基糖苷类有交叉过敏现象，对氨基糖苷类过敏的患羊应禁用本品。用本品治疗泌尿道感染时，宜同时内服碳酸氢钠使尿液呈碱性。

（2）硫酸庆大霉素。

【性状】白色或类白色粉末，有吸湿性，易溶于水。

【作用与用途】广谱抗生素，抗菌谱广，对大多数革兰氏阴性菌及阳性菌都具有较强的抑菌或杀菌作用，特别是对耐药金黄色葡萄球菌引起的感染有显著疗效。主要用于消化道、泌尿道感染及乳腺炎、子宫内膜炎、败血症等。本品与青霉素联合，对链球菌具协同作用。

【用法与用量】肌内注射：一次量每千克体重 2~4mg，每天 2 次，连用 23 日。

【注意事项】本品有抑制呼吸作用，不可静脉推注。

（3）硫酸卡那霉素。

【性状】白色或类白色粉末，易溶于水。

【作用与用途】抗菌谱广，主要对大多数革兰氏阴性杆菌如大肠杆菌等有强大抗菌作用。主要用于呼吸道炎症、坏死性肠炎、泌尿道感染、乳腺炎等

【用法与用量】肌内注射，一次量每千克体重 10~15mg，每天 2 次，连用 3~5d。

4. 四环素类

四环素类抗生素是一类碱性广谱抗生素，对多种革兰氏阳性菌和阴性菌及立克次体、支原体、螺旋体等均有效。本类药物对革兰氏阳性菌的作用优于革兰氏阴性菌。本类药物为快速抑菌药，其作用机理相似于氨基糖苷类。

（1）土霉素。

【性状】为淡黄色的结晶性粉末或无定形粉末，难溶于水。在碱性溶液中易被破坏。常用其盐酸盐，易溶于水，水溶液不稳定，宜现用现配。

【作用与用途】本品具广谱抑菌作用，除对多数革兰氏阳性菌和阴性菌有抑制作用外，对立克次体、支原体、衣原体、螺旋体等有抑制作用，对真菌无效。细菌对其能产生耐药性，但产生得较慢。主要用于防治敏感菌引起的各种感染，如巴氏杆菌病、布氏杆菌病、炭疽及大肠杆菌和沙门菌感染，急性呼吸道感染等。

【用法与用量】土霉素片、内服，一次量每千克体重 10~15mg，每天 2~3 次，成年羊不宜内服。注射用盐酸土霉素，肌内注射或静

脉注射，一次量每千克体重 5～10mg，每天 1～2 次，连用 2～3d。休药期：羊 28d。

【注意事项】应用土霉素可引起肠道菌失调，二重感染等不良反应，故成年羊不宜内服此药。此药属快速抑菌药，可干扰青霉素类对细菌繁殖期的杀菌作用，宜避免同用。患羊肝、肾功能严重损害时忌用本品。

（2）盐酸多西环素（强力霉素）。

【性状】强力霉素为半合成四环素类抗生素，常用其盐酸盐，其盐酸盐为淡黄色或黄色结晶性粉末，易溶于水。

【作用与用途】为广谱抗生素，抗菌谱基本同土霉素，抗菌活性略强于土霉素和四环素，对耐土霉素、四环素的金黄色葡萄球菌等仍有效，抗菌效力较四环素强 10 倍。主要用于治疗支原体病、大肠杆菌病、沙门菌病、巴氏杆菌病等。

【用法与用量】粉针剂，静脉注射，一次量每千克体重 1～3mg，每天 1 次，连用 3～5d。休药期 28d。本品与链霉素或利福平合用，治疗布氏杆菌病有协同作用。

【注意事项】大剂量或长期使用时可引起胃肠道正常菌群失调和维生素缺乏。

5. 酰胺醇类

酰胺醇类又称氯霉素类抗生素，包括氯霉素、甲砜霉素和氟苯尼考，后两者为氯霉素的衍生物，为我国临床应用的广谱抗生素品种，其中氟苯尼考为动物专用抗生素。氯霉素因骨髓抑制毒性及药物残留问题已被禁用于所有食品动物。本类药物属快效广谱抑菌剂，对革兰氏阴性菌的作用较革兰氏阳性菌强。高浓度时对此类药物高度敏感的细菌可呈杀菌作用。细菌对本类药物能缓慢产生耐药性。

（1）甲砜霉素。

【性状】又名甲砜氯霉素，为氯霉素的同类物，人工合成。白色结晶粉末，难溶于水。

【作用与用途】广谱抗生素，对多数革兰氏阴性菌和革兰氏阳性菌均有抑菌（低浓度）和杀菌（高浓度）作用。抗菌作用机制同氯霉素，与氯霉素可交叉耐药。本品口服后吸收迅速而完全，连续用药在体内无蓄积，同服丙碱舒可使排泄延缓，浓度增高。口服后体内广泛分布，其组织、器官的含量也比同剂量的氯霉素高，因此体内抗菌活力也较强。主要用于敏感菌引起的呼吸道、泌尿道和肠道等感染。

【用法与用量】内服：一次量每千克体重 5~10mg，每天 2 次，连用 2~3d。休药期 28d。

【注意事项】禁用于免疫接种期的羊和免疫功能严重缺损的羊；肾功能不全的患羊要减量或延长给药间隔。

(2) 氧苯尼考（氟甲砜素）。

【性状】为人工合成的甲砜霉素，抗菌谱与氯霉素相似，但作用强于氯霉素和甲砜霉，其抗菌活性是氯霉素的 5~10 倍，对氯霉素、甲砜霉素、阿莫西林、金霉素、土霉素等药的菌株仍有效。对多种革兰氏阳性菌和革兰氏阴性菌及支原体等均有作用。主要用于预防和治疗各类细菌性疾病，尤其对呼吸道和肠道感染疗效显著。

【用法与用量】内服制剂量：20~30mg/kg 体重，每天 2 次，连用 3~5d，休药期 20d。肌内注射：20mg/kg 体重，每 2d 1 次，连用 2 次，休药期 14d。

【注意事项】有胚胎毒性，故妊娠母羊禁用。

（二）磺胺药及抗菌增效剂

1. 磺胺药特性

磺胺药是一类化学合成的抗微生物药，具有抗菌谱广，抗菌作用范围大，对大多数革兰氏阳性菌和阴性菌都有抑制作用，为广谱抑菌剂。具有疗效确实、性质稳定、价格低廉、使用方便、便于长期保存等优点。但同时也有抗菌作用较弱、不良反应较多、用量大、细菌易产生耐药性、疗程偏长等缺点。抗菌增效剂的出现，如国内常用甲氧苄啶和二甲氧苄啶，由于它们能增强磺胺药和多种抗生素的疗效，也使磺胺药的抗菌效力增强。磺胺类兽药目前在临床上仍广泛应用。

2. 磺胺药的不良反应

（1）急性中毒多见于碳胺钠盐静脉注射时速度过快或剂量过大，内服剂量过大时也会发生。主要症状表现为：神经兴奋、共济失调、呕吐、昏迷、厌食、腹泻等。

（2）慢性中毒也多见于剂量偏大，用药时间过长而引起。主要症状为：泌尿系统损伤，有结晶尿、血尿、蛋白尿、尿闭和肾水肿等症状；消化系统障碍，有食欲不振、呕吐、腹泻、肠炎等症状；过敏反应，有药物热、皮疹等症状；造血机能破坏，溶血性贫血、凝血障碍等。

3. 磺胺药的应用原则及注意事项

（1）合理选药。临床上常用的磺胺药可分为两类，一类是肠道内易吸收的，作用强而副作用较小的，主要用于全身感染，如磺胺嘧啶、磺胺二甲嘧啶、磺胺异噁唑、胺间甲氧嘧啶等；另一类是肠道难吸收的，适用于治疗肠道感染，如磺胺、柳氮吡啶等。

（2）适宜的剂量。磺胺药在治疗过程中可因剂量和疗程不足，使敏感菌产生耐药性。细菌对某种磺胺药产生耐药后，对其他一些磺胺药也无效，即存在交叉耐药性。因此，在临床上应用磺胺药首次一定要用大剂量（也叫突击量，一般是维持量的 2 倍），以后每隔一定时间给予维持量，待症状消失后还应以维持量的 1/3～1/2 量连用 2～3d，以现固疗效。

（3）注意药物相互作用。有些含对氨基苯甲酰基的药物如普鲁卡因、丁卡因等在动物体内可生成对氨基苯甲酸，磺胺药有和对氨基苯甲酸相似的化学结构，能与对氨基苯甲酸竞争二氢叶酸合成酶，从而阻碍敏感菌叶酸的合成，发挥抑菌作用，因此不宜与磺胺药合用。磺胺药由于其碱性强，宜深层肌内注射或缓慢静脉注射，并忌与酸性药物如维生素 C、氯化钙、青霉素等配伍。

（4）严格掌握适应证。对病毒性疾病及发热病因不明时不宜用磺胺药。急性严重感染时，为使血中迅速达到有效浓度，宜选用磺胺药钠盐注射。为减少结晶尿损害肾脏，宜充分饮水，增加尿量，并加速排出。

(5) 磺胺药可引起胃肠道菌群失调。磺胺药可使 B 族维生素和维生素 K 的合成和吸收减少，此时宜补充相应的维生素。

4. 羊场临床上常用的磺胺类兽药和抗菌增效剂

(1) 磺胺嘧啶（SD）。

【性状】白色结晶性粉末，几乎不溶于水，其钠盐易溶于水。

【作用与用途】属广谱抑菌剂，用于动物敏感菌的全身感染，是磺胺药中抗菌作用较强的品种之一。由于抗菌力强、疗效较高、副作用小、吸收快、排泄慢，易进入组织和脑脊液，是治疗脑部感染的首选药物。对肺炎、上呼吸道感染也具有良好的作用。

【用法与用量】磺胺嘧啶片：0.5g，内服，首次用量每千克体重 0.14~0.2g，维持量减半，每天 2 次，连用 3~5d，休药期 5d。磺胺嘧啶钠注射液：静脉注射，一次量每千克体重 50~100mg，每天 2~3 次，连用 2~3d，休药期 18d。复方磺胺嘧啶钠注射液：以磺胺嘧啶计，肌内注射，一次量每千克体重 20~30mg，每天 1~2 次，连用 2~3d，休药期 12d。

【注意事项】针剂呈碱性，忌与酸性药物配伍，不能与维生素 C、氯化钙等药物混合使用。

(2) 磺胺二甲嘧啶（SM2）。

【性状】白色或微黄色结晶或粉末，几乎不溶于水，其钠盐溶于水。

【作用与用途】抗菌作用及疗效较磺胺嘧啶稍弱，内服后吸收迅速而完全，维持有效血药浓度时间较长。主要用于巴氏杆菌病、乳腺炎、子宫炎、呼吸道及消化道感染等。

【用法与用量】磺胺二甲啶片，内服：一次量每千克体重首次量 0.14~0.2g，维持量 0.07~0.1g，每天 1~2 次，连用 3~4d，休药期 15d。磺胺二甲嘧啶钠注射液：静脉注射，一次量每千克体重 50~100mg，每天 1~2 次，连用 2~3d，休药期 28d。

【注意事项】同磺胺啶。

(3) 胺噻唑(ST)。

【性状】白色或淡黄色结晶颗粒或粉末，在水中极微溶解。

【作用与用途】抗菌作用比磺胺嘧啶强，主要用于敏感菌所致的肺炎、出血性败血症、子宫内膜炎等。对感染创伤可外用其软膏。

【用法与用量】片剂内服，一次量每千克体重首次量0.14~0.2g，维持量0.07~0.1g，每天2~3次，连用3~5d。针剂注射液，静脉注射，一次量每千克体重1g，每天2次，连用3d。

(4) 抗菌增效剂。

抗菌增效剂是一类新型的广谱抗菌药物，单用易产生耐药性，一般不单独作为抗菌药使用。

① 甲氧苄啶(TMP)

【性状】白色或类白色结晶性粉末，在水中几乎不溶。

【作用与用途】抗菌谱与磺胺药基本类似，对多种革兰氏阳性和阴性菌有效，单用易引起细菌耐药性。与磺胺药合用，增强磺胺药的作用达数倍至数十倍，甚至出现杀菌作用，而且可减少耐药菌株的产生，对磺胺药有耐药性的菌株也可被抑制。TNP还能增强其他抗菌药物的作用，如青霉素、四环素、庆大霉素等的抗菌作用。常与磺胺药按1:5比例合用，可用于呼吸道、消化道、泌尿生殖道等器官感染。也用于其他抗菌药物配伍，以达到增效作用。

【用法与用量】内服、静脉或肌内注射，20~25mg/kg体重，每天2次。

【注意事项】因作用弱易产生耐药性，故不宜单独应用。TMP与磺胺钠盐合用，刺激性较强，宜做深部肌内注射。怀孕初期母羊最好不用为宜。

② 二甲氧苄啶(DVD、敌菌净)

【性状】白色或类微黄色结晶性粉末，在水、乙醇或乙醚中不溶，在盐酸中溶解。

【作用与用途】抗菌作用与TMP相同，但比TMP弱，若与磺胺类药物或部分抗生素合用，增效作用明显。内服吸收较少，主要用于肠道细菌性感染。

【用法与用量】本品与各种磺胺药的复方制剂配比为1：5，内服，一次量每千克体重50mg。

【注意事项】休药期10d。

（三）喹诺酮类

喹诺酮类药物为化学合成的杀菌性抗菌药，已有1万种品种问世，但进入临床使用的仅有几十种，它们具有下列共同特点：抗菌谱广，杀菌力强，对革兰氏阳性菌、革兰氏阴性菌、霉形体、某些厌氧菌均有效，并对许多耐药菌也具有良好的抗菌作用；细菌产生突变性耐药的发生率低，与其他抗菌药物无交叉耐药性；吸收快，除诺氟沙星外，一般都在体内分布广，组织体液药物浓度高，可达到有效抑菌或杀菌水平；使用方便，不良反应小。由于有以上特点，目前在临床上应用十分广泛。

1. 诺氟沙星（氟哌酸）

【性状】为类白色至淡黄色结晶性粉末，在空气中能吸收水分，遇光色渐变深。在水或乙醇中极微溶解，在醋酸、盐酸或氢氧化钠溶液中易溶。

【作用与用途】具有抗菌谱广、抗菌作用强等优点。对革兰氏阴性菌如大肠杆菌、沙门菌、巴氏杆菌及铜绿假单胞菌的作用强；对革兰氏阳性菌也有效；对支原体亦有一定作用；对大多数厌氧菌不敏感。抗菌活性比萘啶酸强，但不及恩诺沙星。本品主要用于敏感菌引起的消化系统、呼吸系统、泌尿道感染和支原体病等的治疗。本品与氨基糖苷类、广谱青霉素合用有协同抗菌作用。

【用法与用量】烟酸诺氟沙星注射液，肌内注射，每千克体重10mg，每天2次，连用3~5d；诺氧沙量可溶性粉（2.5%），每10kg水中加本品10g，自由饮用。

【注意事项】钙、镁、铁、铝等重金属离子与本品可发生螯合作用，影响其吸收；可抑制茶碱类、咖啡因和口服抗凝血药在肝中代谢，使上述药物浓度升高，甚至出现中毒症状。因此，避免与四环素、大环内酯类抗生素合用及含铁、镁、铝药物或全价配合料同服。慎用于供繁殖用幼羊，怀孕母羊及哺乳母羊禁用；肉羊及肾功能不全患羊慎用。休药期按产品要求执行。

2. 恩诺沙星

【性状】本品为类白色结晶性粉末，遇光色渐变为橙红色。在水或乙醇中极微溶解，其盐酸盐、烟酸盐及乳酸盐均易溶于水。无臭、味苦。

【作用与用途】为动物专用的广谱杀菌药，对支原体有特效。本品抗菌作用强，在动物体内分布广泛，除了中枢神经系统外，几乎所有组织的药物浓度均高于血药浓度。对大多数革兰氏阴性菌和球菌有很好的抗菌活性。对大肠杆菌、克霉白杆菌、沙门菌、变形杆菌、嗜血杆菌、多杀性巴氏杆菌、丹毒杆菌、葡萄球菌、链球菌引起的呼吸道、消化道、泌尿生殖系统感染、皮肤感染和败血症等均有效。主要用于细菌性疾病和支原体感染等。本品与氨基糖苷类、广谱青霉素合用有协同抗菌作用。

【用法与用量】内服，2.5～5mg/kg 体重，每天 2 次，连用 3～5d，休药期 10d。恩诺沙星注射液，肌内注射，一次量每千克体重 2.5mg，每天 1～2 次，连用 2～3d，必要时停药 2d 后再连用 3d，休药期 14d。

【注意事项】同诺氟沙星。

3. 环丙沙星

【性状】有其盐酸盐和乳酸盐，为类白色或微黄色结晶性粉末，有引湿性，在水中易溶、味苦。

【作用与用途】本品抗菌谱、抗菌活性、抗菌机制和耐药性等与恩诺沙星基本相似，属于广谱杀菌药。其抗革兰氏阴性菌的作用明显优于该类其他品种，尤其对铜绿假单胞菌体外抗菌活性最强。对支原体、厌氧菌也有较强的作用。用于全身各系统的感染，对消化道、呼吸道、泌尿生殖道、皮肤软组织感染及支原体感染等均有良效。本品内服吸收迅速但不完全，生物利用度低于恩诺沙星。

【用法与用量】盐酸环丙沙星注射液，10mL 含环丙沙星 200mg 和葡萄糖 500mg，静脉注射或肌内注射，一次量每千克体重 2.5~5mg，每天 2 次，连用 3d，休药期 28d。盐酸环丙沙星 2g，混饮，每升饮水中加 1.5g，每天 2 次，连用 3~5d，休药期 28d。

【注意事项】本药空腹用效果好。其他注意事项参见诺氟沙星。

4. 氧氟沙星

【性状】黄色或灰黄色结晶性粉末，微溶于水，无臭、味苦。其盐酸盐溶于水。

【作用与用途】同恩诺沙星，但更具有广谱、高效、低毒的优点，对使用其他诺酮类药物效果欠佳的细菌病，应用本品效果良好。本品是目前防治细菌病，尤其是急性、慢性呼吸道病及顽固性腹泻的首选药物。本品与青霉素联用，对金黄色葡萄球菌有协同抗菌作用。每天 2 次，连用 3~5d。休药期 28d。

【用法与用量】氧氟沙星注射液，肌肉或静脉注射，每千克体重 3~5mg。

【注意事项】同诺氟沙星。

第二节　抗寄生虫药物

一、抗寄生虫药物的概念和科学合理使用要求

(一) 抗寄生虫药物的概念和种类

抗寄生虫药是指能杀灭或驱除体内外寄生虫的药物。根据药物抗虫作用和寄生虫分类，可把寄生虫药物分为抗蠕虫药、抗原虫药和杀虫药三大类。

(二) 抗寄生虫药物的科学合理使用要求

1. 羊场兽医使用抗寄生虫药物的前提要求

羊场兽医在选用抗寄生虫药时，不仅要了解药物对虫体的作用、对宿主的毒性以及在宿主体内的代谢过程，而且还要掌握寄生虫的流

行病学资料，以便选用最佳的药物，最适合的剂型和剂量，以期达到药物的最佳抗寄生虫效果，并做到避免或减轻不良反应的发生。

2. 科学合理选用抗寄生虫药

（1）抗寄生虫药物应具备的特点。一般来说，理想的抗寄生虫药应具安全高效、广谱、价廉、适口性好、使用方便与低残留等特点。目前兽药中虽然尚无完全符合以上条件的抗寄生虫药，但在临床上仍可根据药品的市场供应情况、羊场经济条件及羊群发病情况等，选用比较理想的抗寄生虫药物来防治寄生虫病。

（2）羊场兽医选用抗寄生虫药要考虑的因素。首先选用对成虫、幼虫、虫卵有抑杀作用而且对羊机体毒性小及不良反应轻微的药物。由于羊群寄生虫感染多为混合感染，可考虑选择广谱抗寄生虫药使用。临床上选用抗寄生虫药物仅是防治寄生虫病的措施之一，但也要考虑到在选择用药过程中，不仅要了解寄生虫的种类、寄生部位、寄生方式、感染强度和范围等状况，还要充分考虑宿主的机能状态(性别、年龄、体质、病理过程)、对药物的作用反应及饲养管理条件的差异等，羊场兽医只有正确认识抗寄生虫药物、寄生虫和宿主三者的关系，并熟悉抗寄生虫药物的药理、性状和特性，采用正确与合理的剂型、剂量和治疗技术，才能获得最佳防治效果。

3. 选择适宜的剂型和给药途径

羊场兽医为提高驱虫效果、减轻毒性，便于使用抗寄生虫药物，应根据羊的年龄、体况和感染强度来确定适宜的给药剂量，做到既能有效驱杀虫体，又不引起宿主中毒。要根据寄生虫寄生的部位和抗寄生虫药物的剂型来选择给药途径，如消化道寄生虫可选择内服剂型，消化道外寄生虫可选择注射剂，体表寄生虫可选用外用剂型。为投药方便，大群羊可选择预混剂混饲或饮水投药法，杀灭体外寄生虫目前多选药浴、淋浴和喷雾给药法。羊为反刍动物，由于瘤胃内容物能影响药物的吸收，因此，能使多种药物（特别是一次投药）减效或失效。若用药前先灌 10%硫酸铜溶液 10mL，以刺激食道沟关闭，药物内服后直接进入皱胃而发挥药效。有条件的羊场在对羊内服驱虫药前，可以选用此种方法。只有做到给药途径合理，才能达到最好的防治效果。

4. 羊场羊群驱虫要做好兽医卫生相应工作

羊场羊群驱虫前要做好抗寄生虫药物、投药机械（注射器、喷雾器等）及栏舍场地清理等准备工作。在对大批羊群进行驱虫治疗之前，应先进行少数羊预试驱虫，注意观察药物反应和药效，确定剂量准确和安全有效后，再对大批羊群全面使用。此外，无论是预试驱虫，还是大批投药，应备好解毒药品，投药后发现异常或中毒的羊应及时抢救。对羊群驱虫的前后，羊场兽医应加强对羊群的护理观察，且发现体弱、患病的羊应立即隔离，暂停驱虫。对投药后有不良反应或中毒症状的羊应及时注射解毒药物。在对羊场羊群驱虫后，要及时对粪便进行无害化处理，以防病原扩散，并对栏舍、运动场、饲槽等设施进行清洁和消毒。

5. 合理选择投药时间

羊场羊群应在春秋两季各驱虫 1 次，怀孕母羊在配种前驱虫，羔羊可每 3 个月驱虫 1 次。有条件的羊场应根据粪检情况，对感染的羊群有针对性地选择抗寄生虫药物进行驱虫。

6. 轮换使用抗寄生虫药，防止产生耐药性

羊场如反复或长期使用某些抗寄生虫药物，容易使寄生虫产生不同程度的耐药性，现已证实，产生耐药性多与小剂量（低浓度）长期和反复使用某种或一种抗寄生虫药物有关。目前，世界各地均有耐药虫株出现，这种耐药株不但使原有的抗寄生虫药的合理使用防治无效，而且还可产生交叉耐药性，给寄生虫防治带来极大困难。因此，羊场兽医在制定驱虫计划时，应定期更换或交替使用不同类型的抗寄生虫药，以减少或避免耐药虫株的出现。

7. 保证人体健康

通常抗寄生虫药物对人体都存在一定的危害性，有些抗寄生虫药物残留在供人食用的动物产品中，危害人体健康。因此，许多国家为了保证人体健康，制定了允许残留量的标准（高于此标准不允许上

市出售）和休药期（即上市前的停药时间），以免对人体造成不良影响。而且某些药物还会污染环境，因此，接触这些药物的容器、用具必须妥善处理，以免造成环境污染，后患无穷。羊场在使用抗寄生虫药物前，应尽力避免药物与人体直接接触，采取必要防护措施，避免因使用药物而引起人体的过敏甚至中毒等事故发生。此外，羊场要严格遵守国家有关法规，自觉执行休药期规定。

8. 羊场防治寄生虫病必须制定切实可行的综合性防治措施

有些羊场对羊群采取了防治寄生虫后，为什么效果不佳？其原因是只对羊群用药驱虫，没有采取其他配套措施。羊场防治寄生虫病必须制定切实可行的综合性防治措施。羊场使用抗寄生虫药仅是综合防治措施中重要环节之一，防治寄生虫病应以预防为主。首先要加强羊群的饲养管理，消除各种致病因素，搞好栏圈和环境卫生，对粪便进行无害化处理，消灭寄生虫的传染媒介和中间宿主。有条件的羊场在放牧羊群时应实行合理的轮牧制度，可避免羊群的重复感染。

二、常用抗寄生虫药物种类

（一）抗蠕虫药

抗蠕虫药也称驱虫药，根据临床应用可分为驱线虫药、抗绦虫药、抗吸虫药及抗血吸虫药。

1. 驱线虫药

（1）阿苯达唑。

【性状】本品为白色或类白色粉末，无臭、无味，在水中不溶。

【作用与用途】阿苯达唑是我国临床使用最广泛的苯并咪唑类驱虫药，它不仅对多种线虫有效，而且对某些吸虫及绦虫也有较强驱除效果。羊低剂量使用对血矛线虫、奥斯特线虫、毛圆线虫、细颈线虫、食道口线虫、古柏线虫成虫以及大多数虫种幼虫均有良好驱除效果。高剂量对肝片形吸虫、大片形吸虫等有明显驱除效果。

【用法与用量】内服：一次量每千克体重羊 10~15mg。

【注意事项】阿苯达唑是苯并咪唑类驱虫药中毒性较大的一种，

应用治疗量虽不会引起中毒反应，但连续超剂量给药，有时会引起严重反应。母羊在妊娠 45d 内禁用本品。休药期 4d。

(2) 奥芬达唑。

【性状】本品为白色或类白色粉末，有轻微的特殊气味，在水中不溶。

【作用与用途】本品与阿苯达唑同为苯并咪唑类中内服吸收量较多的驱虫药，治疗量对羊奥斯特线虫、毛圆线虫、细颈线虫成虫、血矛线虫、网尾线虫幼虫能全部驱净，对古柏线虫、食道口线虫、血矛线虫、夏伯特线虫、毛首线虫成虫以及莫尼茨绦虫也有良好驱除效果。

【用法与用量】内服：一次量每千克体重 5~7.5mg。

【注意事项】禁用于妊娠早期的母羊。休药期 7d。

(3) 左旋咪唑。

【性状】常用其盐酸盐或磷酸盐，为白色或类白色针状结晶或结晶性粉末，无臭，味苦，在水中极易溶解。

【作用与用途】左旋咪唑为广谱、高效、低毒的驱线虫药，对多种动物的胃肠道线虫和肺线虫成虫及幼虫均有高效。反刍兽寄生虫成虫对左旋咪唑敏感的有：皱胃线虫（血矛线虫、奥斯特线虫）、小肠寄生虫（古柏线虫、毛圆线虫、仰口线虫）、大肠寄生虫（食道口线虫）和肺寄生虫（网尾线虫）。一次内服或注射，对上述虫体成虫驱除率均超过 96%。

【用法与用量】盐酸左旋咪唑片内服：一次量每千克体重 7.5mg，休药期 3d；盐酸左旋咪唑注射液皮下、肌内注射：一次量每千克体重 7.5mg，休药期 28d。

【注意事项】左旋咪唑对动物的安全范围不广，特别是注射给药，时有发生中毒甚至死亡事故，中毒症状（如流涎、排粪、呼吸困难、心率变慢）与有机磷中毒相似，此时可用阿托品解毒。妊娠后期母羊、接种疫苗羊等应激状况下不宜采用注射给药法。

(4) 伊维菌素。

【性状】本品为白色结晶性粉末，无味，水中几乎不溶。

【作用与用途】伊维菌素是新型的广谱、高效、低毒抗生素类抗寄生虫药，对体内外寄生虫特别是线虫和节肢动物有良好驱杀作用。伊维菌素广泛用于羊的胃肠道线虫、肺线虫和寄生节肢动物。羊按0.2mg/kg体重内服或皮下注射，对血矛线虫、奥斯特线虫、古柏线虫、毛圆线虫、圆形线虫、仰口线虫、细颈线虫毛首线虫、食道口线虫、网尾线虫以及绵羊夏伯特线虫成虫及第4期幼虫的驱虫率达97%~100%。上述剂量对蝇蛆、螨和虱等节肢动物也有效。但伊维菌素对线虫，尤其节肢动物产生的驱除作用缓慢，有些虫种要数天甚至数周才能出现明显药效。

【用法与用量】伊维菌素注射剂，皮下注射：一次量每千克体重0.2mg；伊维菌素浇泼剂：背部浇泼每千克体重0.5mg。以上剂型必要时间隔7~10d再用药1次。

【注意事项】伊维菌素虽较安全，除内服外仅限于皮下注射。每个皮下注射点亦不宜超过10mL，剂量超量可引起中毒且无特效解毒药。肌内、静脉注射易引起中毒反应。休药期21d。

（5）阿维菌素。

【性状】本品为白色或淡黄色粉末，无味，在水中几乎不溶。

【作用与用途】阿维菌素对动物的驱虫谱与伊维菌素相似，但阿维菌素至少在用药7d内能预防奥斯特线虫、柏氏血矛线虫、古柏线虫、辐射食道口线虫的重复感染，对胎生网尾线虫甚至能保持药效14d。由于阿维菌素大部分由粪便排泄，因此使某些在厩粪中繁殖的双翅类昆虫幼虫发育受阻。所以，本类药物是羊场有效的厩粪灭蝇剂。

【用法与用量】阿维菌素片，内服：一次量每千克体重0.3mg，休药期35d；阿维菌素注射液，皮下注射：一次量每千克体重0.2mg，休药期35d阿维菌素透皮溶液，浇注或涂擦：一次量每千克体重0.1mL，休药期42d以上几种剂型，必要时间隔7~10d再用药1次。

【注意事项】阿维菌素的毒性较伊维菌素稍强，其性质不太稳定，对光线特别敏感，能迅速氧化灭活。因此，要注意阿维菌素各种剂型的贮存使用条件。其他注意事项可适当参考伊维菌素。

（6）氯硝柳胺（灭绦灵）。

【性状】本品为浅黄色结晶性粉末，无臭，无味，在水中不溶。

【作用与用途】氯硝柳胺是世界各国广为应用的传统绦虫药，对多种绦虫均有杀灭效果，主要用于羊的莫尼茨绦虫和无卵黄腺绦虫感染。有资料证实，氯硝柳胺对羊小肠和真胃内前后盘吸虫童虫有效率为94%，还对绦虫头节和体节具有同样的驱除效果。

【用法与用量】氯硝柳胺片，0.5g，内服：一次量每千克体重60~70mg。休药期28d。

【注意事项】羊给药前应禁食一夜。

（7）硫双二氯酚。

【性状】本品为白色或类白色粉末，无臭或微带酸臭，在水中不溶。

【作用与用途】硫双二氯酚为广谱驱虫药，曾广泛用于国内外临床，主要对羊绦虫和胃吸虫有良好的驱除作用。对羊的肝片形吸虫、前后盘吸虫和莫尼茨繁虫均有良效。70mg/kg体重剂量内服对扩展莫尼茨绦虫、贝氏莫尼茨绦虫驱除率为100%，75mg/kg体重量对肝片形吸虫、大片形吸虫成虫驱除率达98.7%~100%，但对未成熟虫体无效，对小盅前后盘吸虫成虫及童虫有效率92.7%~100%。

【用法与用量】硫双二氯酚片，内服：一次量每千克体重75~100mg。

【注意事项】为减轻不良反应，可减少剂量，连用2~3次。

（8）吡喹。

【性状】本品为白色或类白色结晶性粉末，味苦，在水中或乙醚中不溶。

【作用与用途】吡喹酮是较理想的新型广谱抗绦虫和抗血吸虫药，目前广泛用于世界各国。对绵羊、山羊大多数绦虫均有效，10~

15mg/kg 体重剂量对扩展莫尼茨绦虫、贝氏莫尼茨绦虫、球点斯泰绦虫和无卵黄腺绦虫均有 100%驱虫效果。对茅形双腔吸虫、胰阔盘吸虫、绵羊绦虫需用 50mg/kg 体重量才能有效。对细颈囊尾应以 75mg/kg 体重，连服 3d，杀灭效果 100%。对绵羊、山羊日本分体吸虫有效，20mg/kg 体重量灭虫率接近 100%。

【用法与用量】吡喹酮片，内服：一次量每千克体重 10~35mg。休药期 28d。

【注意事项】本品毒性虽极低，但高剂量偶尔也会使动物血清谷丙转氨酶轻度升高。

2. 抗吸虫药

在世界各国危害最严重的为肝片形吸虫，其中，羊肝片形吸虫对羊场放牧羊群危害性最大。肝片形吸虫在潮湿地区流行，主要感染反刍动物，其成虫和未成熟虫体均危害宿主肝脏，损害肝实质的急性肝片形吸虫病和寄生于胆管内的慢性肝片形吸虫病，均可应用药物治疗和预防。对急性肝片形吸虫病通常在治疗 5~6 周后再用药 1 次；预防性给药，应根据具体情况，可按规律性间隙给药。

（1）硝氯酚。

【性状】本品为黄色结晶性粉末，无臭，在水中不溶。

【作用与用途】硝氯酚是我国传统而广泛使用的羊抗肝片形吸虫药。羊 3mg/kg 体重量内服对肝片形吸虫成虫有效率为 93%~100%。

【用法与用量】硝氯酚片，0.1g，内服：一次量每千克体重 3~4mg；硝氯酚注射液，皮下、肌内注射：一次量每千克体重 0.6~1mg。

【注意事项】治疗量对动物比较安全，过量引起中毒症状（如发热、呼吸困难、窒息），可根据症状选用安钠咖、毒毛旋花苷、维生素 C 等治疗。硝氯酚注射液对羊使用时必须根据体重精确计算，以防中毒。休药期 28d。

（2）碘醚柳胺。

【性状】本品为灰白色至淡棕色粉末，在水中不溶。

【作用与用途】碘醚柳胺是世界各国广泛应用的羊肝片形吸虫药。给羊1次内服7.5mg/kg体重，12周龄成虫驱除率达100%，6周龄未成熟虫体86%~99%，4周龄虫体50%~98%，因此，优于其他单纯的杀成虫药。此外，本品还通用于治疗血茅线虫病和羊鼻蝇蛆。对羊血茅线虫和仰口线虫成虫、未成熟虫体有效率超过96%，对羊鼻蝇蛆的各期寄生幼虫有效率高达98%。

【用法与用量】碘醚柳胺混悬液2%，内服：一次量每千克体重7~12mg。休药期60d。

【注意事项】为彻底消除未成熟虫体，用药3周后，最好再重复用药1次，视乳期禁用。

(3) 氯碘柳胺钠。

【性状】本品为浅黄色粉末，无臭、无异味，在水或氯仿中不溶。

【作用与用途】本品是较新型的广谱抗寄生虫药，对羊肝片形吸虫、胃肠道线虫以及节肢类动物的幼虫均有驱杀作用。在临床上主要用于羊肝片形吸虫。但应用本品对各种耐药虫株，如耐伊维菌素、耐左旋咪唑、耐苯并咪唑类等有良效。用2.5~5mg/kg体重，对1期、2期、3期羊鼻蝇蛆均有100%杀灭效果。

【用法与用量】氯碘柳胺钠片，0.5g，内服：一次量每千克体重10mg；氯碘柳胺钠注射液，皮下或肌内注射：一次量每千克体重5~10mg。

【注意事项】注射剂对局部组织有一定的刺激性。休药期28d。

(4) 三氯苯达唑。

【性状】本品为白色或类白色粉末，微有臭味，在水中不溶。

【作用与用途】三氯苯达唑是苯并咪唑中专用于抗肝片形吸虫的药物，对各种日龄的肝片形吸虫均有明显的驱杀效果，是较理想的杀肝片形吸虫药，已广泛用于世界各国。低剂量（甚至低至2.5mg/kg体重）即对羊12周龄成虫有效驱除率达98%~100%，5mg/kg体重对10周龄成虫、10mg/kg体重对6~8周龄虫体、12.5mg/kg体重对

1~4 周龄未成熟虫体、15mg/kg 体重对 1 日龄虫体有效驱除率达 100%。

【用法与用量】三氯苯达唑片和三氯苯达唑颗粒，内服：一次量每千克体重 10mg；三氯苯达唑混悬液，内服：一次量每千克体重 10mg。

【注意事项】治疗急性肝片形吸虫病，5 周后应重复用药 1 次。泌乳期禁用。休药期 56d。

（5）双酰胺氧醚。

【性状】本品为白色或浅黄色粉末，在水和乙醚中不溶。

【作用与用途】双酰胺氧醚是传统应用的杀肝片形吸虫童虫药，对幼龄童虫作用最强，并随肝片吸虫日龄的增长而作用下降，是治疗急性肝片形吸虫病有效的治疗药物。还有资料证实，双酰胺氧醚还可引起吸虫外皮变化，进一步促进药物的杀虫效应。大量试验证实，100mg/kg 体重一次内服，对 1 日龄到 9 周龄的肝片吸虫几乎有 100% 疗效，但对 10 周龄新成熟的肝片形吸虫有效率为 78%，对 12 周龄以上成虫有效率低于 70%。因此，一次用药虽能驱净全部幼虫，但至少还有 30%左右成虫在继续排卵污染草地。临床用药已证实，对绵羊大片形吸虫童虫亦有良效，80mg/kg 体重对 3 日龄、10 日龄、30 日龄、40 日龄、50 日龄虫体灭虫率均达 100%，但对 70 日龄成虫有效率仅为 4%，对 120 日龄虫体无效；但剂量增至 120mg/kg 体重，对 70 日龄、90 日龄和 100 日龄虫体疗效近达 100%。

【用法与用量】双酰胺氧醚混悬液 10%，内服：一次量每千克体重 100mg。

【注意事项】本品用于急性肝片形吸虫病时，最好与其他杀肝片形吸虫成虫药并用；作预防药应用时，最好间隔 8 周，再重复应用 1 次。本品安全范围虽广，但过量可引起动物视觉障碍和羊毛脱落现象。

（二）抗原虫药

畜禽原虫病是由羊单细胞原生动物引起的一类寄生虫病。抗原虫药主要成分为抗球虫药、抗锥虫药、抗梨形虫药和抗滴虫药。

1. 抗球虫药

球虫是一种广泛分布的寄生于胆管和肠道上皮细胞内的原虫，大多数动物都可能发生球虫的寄生。原虫病中尤其以球虫病最为普遍，且危害最大，流行最广，可造成大批动物死亡（死亡率甚至可超过80%），球虫主要危害羔羊的生长发育，甚至死亡。

（1）磺胺氯吡嗪。

【性状】本品为白色或淡黄色粉末，无味，其钠盐在水或甲醇中易溶。

【作用与用途】磺胺氯吡嗪为磺胺类专用抗球虫药，多在球虫暴发时作短期应用。其抗球虫的活性峰期是球虫的第二代裂殖体，对第一代裂殖体亦有一定作用。

【用法与用量】对羔羊球虫病可用3%磺胺氯吡嗪钠溶液，按每千克体重内服1.2mL，连用3~5d。

【注意事项】在临床上一旦出现疗效不佳时，应及时更换其他类药物。

（2）盐酸氨丙啉。

【性状】本品为白色或类白色粉末，无臭或几乎无臭，在水中易溶。

【作用与用途】本品具有较好的抗球虫作用，目前，在世界各国仍被广泛使用。本品对羔羊的艾美耳球虫具有良好的预防效果。

【用法与用量】对羔羊球虫病可按55mg/kg体重的日用量，连用14~19d。

【注意事项】羔羊在高剂量连喂20d以上，能引起维生素B_1的缺乏而导致脑皮质坏死，从而出现神经症状。

（3）磺胺二甲嘧啶。

【性状】本品为白色或微黄色的结晶或粉末，无臭，味微苦，遇光色渐变深。

【作用与用途】磺胺二甲嘧啶是磺胺类中被广泛用作抗菌药和抗

球虫药的一种药物。

【用法与用量】对羔羊球虫病可以0.4%拌料浓度或0.1%钠盐饮水浓度，连用7~9d，均能取得良好治疗效果。

【注意事项】本品长期连续饲喂时，能引起严重的毒性反应。本品宜采用间歇式投药法。

2. 抗梨形虫药

【性状】本品为黄色或橙黄色结晶性粉末，无臭，遇光、热变为橙红色，在水中溶解。

【作用与用途】三氮脒属于芳香双脒类，为广谱血液原虫药，对家畜梨形虫、锥虫和无形体虫感染均具有较好的治疗作用，但其预防效果较差。

【用法与用量】注射用三氮脒，肌内注射：一次量每千克体重3~5mg。临用前配成5%~7%溶液。

【注意事项】本品的毒性较大，安全范围窄，在治疗量时亦会出现不良反应，但通常能自行耐过。休药期28d。

(三) 杀虫药

具有杀灭体外寄生虫作用的药物称为杀虫药。羊易遭蜱、螨、蚊、蝇、虱、蚤等节肢动物侵袭，造成寄生虫病感染，传播疾病，危害羊机体，影响增重，损伤皮毛，给养羊业造成极大损失。养羊生产中常用的杀虫药主要是有机磷类、拟除虫菊酯类及其他杀虫药。

1. 有机磷杀虫药

有机磷杀虫药均为有机磷酸酯类或硫代磷酸酯类化学结构，它们具有广谱杀虫作用，杀虫效力强，在较低浓度时即呈现强大的杀虫作用，具有快速触杀和胃毒作用，也有内吸作用。在自然界中较易消解或生物降解，对环境影响小，在动物体内无蓄积性，动物产品中残留少。有机磷杀虫药大都呈油状或结晶状，色泽由淡黄至棕色，稍有挥发性，且有蒜味，除敌敌畏外，一般难溶于水，不易溶于多种有机溶剂，在碱性条件下易分解失效。

(1) 巴胺磷（胺丙畏、烯虫磷）。

【性状】为棕黄色液体，在24℃、pH值为5的水溶液中，可稳定44d。

【作用与用途】本品为广谱有机磷杀虫剂，主要通过触杀、胃毒起作用，主用于防治苍蝇和蚊子等卫生害虫，也能防治家畜体外寄生螨类。羊痒螨在用药（20mL/L巴胺磷溶液）后，一般于2d内全部死亡。

【用法与用量】巴磷溶液，40%，以本品计，药溶或喷淋：每1 000L水加500mL药，7d后再药浴1次，效果更好。

【注意事项】禁止与有机磷化合物混用。

（2）二嗪农。

【性状】纯品为无色油状液体，纯度95%，微溶于水。性质不稳定，易氧化。

【作用与用途】为新型的杀虫、杀螨剂。一次用药有效期可达6~8周。

【用法与用量】以二嗪农计，药浴每升水初液0.25g，补充液0.75g。

【注意事项】禁止与其他有机磷化合物及胆碱酯酶抑制剂合用。药浴时必须准确计算药液浓度，羊全身浸泡以1min为宜。休药期羊14d。

2. 拟除虫菊酯类杀虫剂

拟除虫菊酯是一类模拟天然除虫菊酯化学结构合成的一类杀虫剂，在畜禽养殖及环境卫生中广泛应用，具有杀虫高效、速效、广谱、低毒、低残留等特点。但也是一类比较容易产生耐药性的杀虫剂，对螨类药效不高。

（1）氯戎菊酯。

【性状】纯品为微黄色油状液体，原料药为黄色或棕色黏稠液体，几乎不溶于水。稳定性好，常温贮存稳定性两年以上，碱性环境会逐渐分解。

【作用与用途】对畜禽的多种体外寄生虫及吸血昆虫等有良好的杀

灭作用，杀虫效力强，效果确切。一般用药 1 次即可，无需重复用药。尤其对有机氯、有机磷化合物敏感的动物，使用较安全。杀灭环境、栏圈昆虫，如蚊、蝇等，驱杀畜禽体表寄生虫如各类螨、蜱、虱等。

【用法与用量】氯戎菊酯溶液，20%，药浴，喷淋：每升水驱杀羊螨用 80~200mL，杀灭虱、蚊、蝇用 40~80mL。

【注意事项】不要与碱性物质混用，配制溶液时水温以 12℃ 为宜，否则会降低药效或失效。休药期 28d。

（2）二氯苯醚菊酯（除虫精）。

【性状】为淡黄色油状液体，不溶于水。本品对光稳定，但在碱性介质中易水解。

【作用与用途】为广谱高效杀虫药，对蜱、螨、虱、蚊、蝇等体外寄生虫都有杀灭作用；速效、无残留、无污染、残效期长。兼具触杀及胃毒作用，击倒作用强、杀虫速度快，其杀虫效力为滴滴涕的 100 倍。以 0.025%乳剂喷于体表或药浴可治疗羊螨，使用 1 次效力可维持数周。室内喷雾灭蚊蝇 25~125mL/m^3 效力可维持 1~3 个月。

【用法与用量】二氯苯醚菊酯乳油，10%，药浴：配成 0.02%乳液杀灭羊螨；喷雾：0.1%溶液杀灭体虱、蚊蝇。

【注意事项】不宜与碱性物质混用。

第三节　清热抗炎药

一、清热抗炎药的作用

羊在正常生理情况下，能使体温保持在一定的范围内，这是由于下丘脑体温调节中枢能使机体的产热和散热过程保持平衡状态。体温调节中枢亦可受细菌毒素即外源性致热原或白细胞释放的内源性致热原影响。在某些疾病发生时，病理因素或致热物质刺激体温中枢，使这种平衡被破坏，机体的产热增加，散热减少，因而体温升高，动物出现所谓“发热”现象。

发热是动物机体的一种防御反应，亦可作为临床上诊断疾病的指征。临床上对感染性疾病必须对因治疗，除去产生发热的病原。但发热消耗能量，而且高热可加重病情，亦应作对症治疗，此时适合使用清热抗炎药。

清热抗炎药能抑制体内环加氧酶，从而抑制花生四烯酸转变成前列腺素（PG），减少 PG 的生物合成，因而有广泛的药理作用。因此，清热抗炎药也是至今临床上使用量大、应用广泛的一类兽药。本类药物通过中枢的调节，主要增加散热过程，产生解热效果，并能选择性地降低发热动物的体温，而对正常体温无明显影响，并对轻、中度钝痛，如头痛、关节痛、肌肉痛、神经痛及局部炎症所致的疼痛有效，而且不产生依赖性和耐受性。此外，可以抑制 PG 的生物合成，控制炎症的继续发展，减轻局部炎症的症状。

二、使用清热抗炎药的注意事项

临床上有一个误区，一些兽医见到发热病畜后就用解热镇痛的抗炎药。发热是动物机体的一种防卫性反应，又是某些感染性疾病的重要指征。解热镇痛药只能作对症治疗，而不能根除发热的病因。所以，在临床上，遇发热病畜，不应轻易使用清热抗炎药，只有在明确诊断、高热持续不退而有损于畜体健康，不利于疾病的治疗和康复的情况下，才可考虑使用清热抗炎药。

三、发热性疾病正确处治技术

（一）发热机理

病原微生物及其产物、致炎物质及其炎性物、抗原抗体复合物、淋巴因子、类固醇等发热激活物，作用羊机体，激活产生致热原细胞，主要是白细胞中的单核细胞，产生和释放致热原。致热原作用于下丘脑体温调节中枢，使体温调定点上移，再通过收缩骨骼肌增加产热和收缩皮肤血管减少散热，使体温升高。在一定程度上，发热是羊机体的一种保护性反应，机体在发热状态下，代谢机能和防御功能加强，通过这种自我调节，达到清除致热原、恢复正常生理机能的目的。

（二）发热的类型

1. 外源性发热

在某些外界因素的作用下，羊机体产热大于散热，体内的热量不能及时散发，导致体温升高，如热射病和日射病所引起的发热属于外源性发热。

2. 感染性发热

感染性发热如细菌、病毒、真菌、支原体、衣原体、螺旋体等病原微生物及其产物或某种寄生虫，一旦侵入羊机体，都可激活机体内生致热原细胞，产生和释放致热原而出现发热。

3. 过敏性发热

过敏性发热如某些羊免疫后出现过敏性发热。当某些抗原性物质[如疫（菌）苗等]进入羊体内，与体内的某些抗体结合形成抗原抗体复合物，这种复合物对某些羊也可能激活内生致热原细胞，产生和释放致热原。或在体液免疫过程中，抗原性物质被 T 细胞吞噬后，演变增殖为致敏的淋巴细胞而产生淋巴因子。淋巴因子也能激活内生致热原细胞，产生和释放致热原。

4. 炎性发热

某些致炎物质如尿酸结晶、硅酸结晶等，在体内不但可以引起炎症反应，其本身还具有激活产生内生致热原细胞的作用，使动物机体在炎症反应的过程中表现出发热现象。

5. 非炎性发热

非传染性炎性渗出物也有激活内生致热原细胞产生和释放致热原，而出现炎性发热现象。

6. 其他因素性发热

干扰素、肿瘤细胞、巨噬细胞等在一定的条件下，也将会激活内生致热原细胞产生和释放致热原。此外，动物机体内胆固醇的中间代谢产物苯胆烷醇酮、石胆酸也有激活内生致热原细胞产生和释放致热原的作用。

(三) 热性病正确处治方法

1. 处治基本原则

发热的原因不同，处治的方法则不同，消除病因是处治的基本原则。由于发热是机体本身的一种保护性反应，一些兽医见热就退的习惯是错误的，只有消除病因才是处治的根本。但若是较长时间高热，为使神经系统免遭损害，可适时解热，而这种解热只能是辅助治疗法。临床上对感染性热性病盲目使用解热药，反而是“助纣为虐”，万不可取。

2. 处治方法

(1) 外源性发热应清除热原，加快散热，常用物理降温法，如通风、饮冷水，用冷水泼身（不可泼头）或冷敷等。

(2) 感染性发热必须首先杀灭病原体，在病原体未被杀灭以前而单独使用解热药，反而会抑制机体的免疫机能而加重病情，所以在使用解热药的同时，必须配合抗生素。

(3) 炎性发热在消除炎症的同时，使用解热药有助于炎症病灶部组织生理机能的尽快恢复和减缓继发症。

(4) 过敏性发热只要清除了过敏原，发热就会自行消失。

四、临床上常用的清热抗炎药物

(一) 氨基比林

【性状】白色的结晶性粉末，无臭，味微苦，遇光渐变质，水溶液呈碱性反应，在水中溶解。

【作用与用途】本品是多种复方制剂，其解热镇痛作用强而持久，本品还有抗风湿和消炎作用，对急性风湿关节炎的疗效与水杨酸类相仿。广泛用作动物的解热镇痛和抗风湿药，治疗肌肉痛、关节痛和神经痛。

【用法与用量】氨基比林片，内服：一次量2~5g；氨基比林注射液，皮下或肌内注射：一次量50~200mg；复方氨基比林注射液，皮下或肌内注射：一次量5~10mL。

【注意事项】长期连续用药，可引起颗粒白细胞减少症。

（二）安乃近

【性状】白色（供注射用）或略带微黄色（供口服用）的结晶或结晶性粉末，无臭，味微苦，在水中易溶。

【作用与用途】本品系氨基比林与亚硫酸钠的复合物，作用迅速，药效可持续3~4h，解热作用较显著，镇痛作用亦较强，并有一定抗炎、抗风湿作用。临床上常用于解热、镇痛、抗风湿，也常用于肠痉挛及肠臌气等症。

【用法与用量】安乃近片，0.25g、0.5g，内服：一次量2~5g；安乃近注射液，1.5g/5mL，3g/10mL，6g/20mL，肌内注射：一次量12g。

【注意事项】长期应用可引起粒细胞减少；本品可抑制凝血酶原的合成，加重出血倾向；不宜穴位和关节部位注射；不能与氯丙嗪合用；不能与巴比妥类及保泰松合用。

第四节　瘤胃兴奋药及胃肠运动促进药

一、浓氯化钠注射液

【性状】10%氯化钠灭菌水溶液，无色的澄明液体。

【作用与用途】本品为氯化钠的高渗灭菌水溶液。静脉注射后能抑制胆碱酯酶活性，出现胆碱能神经兴奋的效应，可提高瘤胃运动。尤其在临床上时，作用显著。本品的作用缓和，疗效良好，一般在用药后24h作用最强。临床上可用于贵州黑山羊前胃迟缓、瘤胃积食等。

【用法与用量】以氯化钠计，静脉注射，一次量每千克体重0.1g。

【注意事项】静脉注射时不能稀释，注射速度宜慢，药液不可漏出血管外，心力衰弱和肾功能不全的病羊慎用。

二、氨甲酰甲胆碱

【作用与用途】本品为拟胆碱药。能直接作用于胆碱受体，出现胆碱能神经兴奋的效应。治疗剂量对胃肠平滑肌的兴奋作用较强，可加强瘤胃的反刍活动，同时对子宫、膀胱平滑肌的作用也强。临床上主要用于羊的前胃弛缓、瘤胃积食、膀胱积尿、胎衣不下和子宫蓄脓等。

【用法与用量】皮下注射：一次量每 100kg 体重 5~8mg。必要时可将一次分作两次注射，间隔 0.5~1h。

【注意事项】因本品作用强烈而选择性差，反刍停止、高度臌气、肠道完全阻塞、顽固性便秘、创伤性网胃炎的患羊及孕羊禁用。对瘤胃积食等病例，应在用药前半小时灌服少量盐水。发生中毒可用阿托品解救。

第五节　制酵药与消沫药

一、制酵药

羊在正常情况下，瘤胃内的消化主要依赖微生物和酶，饲草分解所产生的大量气体，一部分可随胃内容物进入肠道内被吸收和从肛门排出，大部分则以游离的气体形式通过嗳气排出体外。但当羊采食大量的易发酵或易腐败变质的饲料后，在瘤胃内由于迅速发酵而产生过量气体，若不能及时通过肠道吸收或通过嗳气排出体外时，必然会导致胃和肠道臌胀，从而引起瘤胃活动极度减弱或停止，严重时可引起呼吸困难、窒息甚至胃肠破裂致死。在临床上治疗胃肠道臌气，可根据胃胀的程度，除放气和排除病因外，应用制酵药或采取瘤胃穿刺放气后再用制酵药，抑制微生物的作用，以制止或减弱气体的继续产生，同时通过刺激使胃肠蠕动加强，促进气体排出。在临床上，凡能制止胃肠内容物异常发酵，使其不能产生过量气体的药物，都可称为制酵药。虽然抗生素、磺胺药、消毒防腐药等都有一定程度的制酵作用，但在临床上常用的是鱼石脂、芳香氨醑、甲醛溶液、大蒜等，这些药物作用迅速，疗效可靠，无显著不良反应。

1. 鱼石脂

【性状】为棕黑色浓厚的黏稠液体，特臭，在热水中溶解，呈弱酸性反应，易溶于乙醇。

【作用与用途】本品有较弱的抑菌作用和温和的刺激作用，内服能制止发酵、祛风和防腐，促进胃肠蠕动；外用时具有局部消炎、消肿和促进肉芽新生等功效。临床上主要用于胃肠道制酵，治疗瘤胃臌胀、前胃弛缓、胃肠臌气、急性胃扩张以及大便秘等，效果良好。

【用法与用量】以鱼石脂计，内服：一次量 1~5g，临用时先加 2 倍量乙醇溶解后再用水稀释成 3%~5%的溶液灌服；鱼石脂软膏，由鱼石脂与凡士林按 1：1 的比例混合制成，外用创伤部位。

【注意事项】禁与酸性药物混合使用。

2. 甲醛溶液

【性状】本品为消毒防腐药，为无色气体，一般用水溶液，甲醛溶液通常称为福尔马林。

【作用与用途】甲醛能与蛋白质的氨基结合而使蛋白质变性，有很强的杀菌作用。1%甲醛溶液内服能制止瘤胃内容物发酵，临床上用作胃肠道的制酵药，治疗急性瘤胃臌胀、急性胃扩张等。

【用法与用量】内服，一次量 1~3mL（内服时用水稀释成 1%的甲醛溶液）。

【注意事项】本品刺激性较强，并能杀灭瘤胃内多种细菌和纤毛虫，故用药后有消化不良的可能，不宜反复应用。对轻度瘤胃臌胀，一般不选本品使用。

3. 大蒜酊

【来源与成分】将去皮大蒜 20g 捣烂。用 70%乙醇 100mL 浸泡 12~14d，滤过而得。不宜长期保存，容易失效。

【作用与用途】内服后能促进胃肠蠕动，并有明显的抑菌制酵作用。临床上用于治疗瘤胃鼓胀、前胃弛缓、胃扩张、肠胀气等。此外，把大蒜捣碎，外用治创伤感染和皮肤病。

【用法与用量】内服一次量 3~8mL，临用时作 3~5 倍稀释。

【注意事项】不稳定。在室温下易失效，必须在低温下保存。大蒜的抗菌作用易受多种因素影响而减弱。

二、消沫药

消沫药是一类能降低泡沫液膜的局部表面张力，使泡沫破裂的药物。临床上，消沫药主要用于治疗胃内积聚大量泡沫所引起的泡沫性臌胀，主要原因是采食大量含皂苷的饲草及豆科植物后，因皂苷能降低瘤胃内液体的表面张力，使瘤胃内发酵产生的气体迅速为水膜包裹而形成大量比较稳定的不易破裂的黏稠性小泡，小泡混合成泡沫的形式夹杂在瘤胃内容物中，更不易排出，而形成瘤胃泡沫性臌气。临床上此时若使用套管针穿刺放气或应用制酵药，对已形成的泡沫无消沫作用，必须选用消沫药才有疗效。临床上所用的消沫药，是表面张力比起泡液低，不与起泡液互溶，而能迅速破坏泡沫的药物。

1. 二甲硅油

【性状】为无色澄清的油状液体，无臭、无味，在水或乙醇中不溶。

【作用与用途】内服后能降低瘤胃内气泡液膜的局部表面张力，使泡沫破裂，作用迅速，用药后 5min 时作用最强，治疗效果可靠，作用迅速，几乎无毒性。临床上主要用于治疗反刍动物的瘤胃鼓胀，特别是泡沫性鼓气等。

【用法与用量】二甲硅油片，内服：一次量 1~2g。同时配成 2%~5%酒精或煤油溶液，最好通过胃管灌服。

【注意事项】灌服本品前后应注入少量温水，以减少刺激。

2. 植物油类

【来源与作用】植物油类指常用的非挥发性的中性植物油，如菜籽油、棉籽油、芝麻油、大豆油、花生油等。它们的表面张力都较低，可以用于治疗泡沫性鼓胀。这些油的来源广、疗效可靠、应用方便、无副作用，而且民间兽医还常用这些油的“油脚”，即油的沉淀物治疗泡沫性鼓胀，效果也很好。

【剂量】50~100mL，灌服。

第六节　泻药与止泻药

一、泻药

泻药是指能促进肠道蠕动，增加肠内容积，软化粪便，加速粪便排泄的药物。临床上主要用于治疗便秘、排出肠内毒物及腐败分解产物等。有经验的兽医还把泻药与驱虫药物合用以驱除肠道寄生虫。泻药根据作用方式和特点一般可分为3类，即容积性泻药、刺激性泻药和润滑性泻药。

临床上应用泻药时，必须注意以下事项。

第一，不论哪种泻药，都会不同程度地影响消化和吸收。要防止泻下过度而导致失水、衰竭的可能，且用泻药次数不宜过多、过量，一般只用1~2次为宜。

第二，对于诊断未明的肠道阻塞不可随意使用泻药。治疗便秘时，必须根据病因采取综合措施或选用不同的泻药。

第三，对于极度衰竭而呈现脱水状态、机械性肠梗阻以及妊娠末期的羊应禁止使用泻药。

第四，毒物中毒时，为了排出毒物，应选用盐类泻药，禁用油类泻药。

1. 盐类泻药

如硫酸钠、硫酸镁等，内服后其盐离子不易被肠壁吸收，在肠内可形成高渗盐溶液，保持了大量的水分，增加肠内容积，软化粪便，又对肠壁产生机械性刺激。

【用法与用量】内服：泻下一次量 50～100g，用时加水稀释成6%～8%溶液灌服。

【注意事项】在某些情况下如机体脱水、肠炎等，镁盐吸收增多会产生毒副作用，中毒时应迅速静脉注射氯化钙进行解救，禁用于孕羊、患肠炎的病羊。

2. 植物性泻药

内服后在胃中一般不发生作用，进入肠内能分解出刺激性有效成分，对肠壁产生刺激作用，使肠管蠕动加强从而促进排便。临床上常用的植物性泻药有蓖麻油、巴豆油、大黄、番泻叶、决明子、芦荟等，常与硫酸钠配合，可出现良好的致泻效果。

(1) 蓖麻油。

【来源与性状】本品为大戟科植物蓖麻的成熟种子经加热压榨精制而得的脂肪油，几乎无色或微带黄色的澄清黏稠液体，微臭，在乙醇中易溶。

【作用与用途】本品内服后只促进小肠蠕动而致泻，临床上多用于小肠便秘。

【用法与用量】内服：一次量 50～150mL 灌服。

【注意事项】禁用于怀孕母羊、患肠炎的病羊。不可长期使用本品。使用驱虫药不能用本品作为泻药。

(2) 植物油。

【来源与作用】包括各种食用的植物油，如菜油、花生油、芝麻油等。大量服用这些油类后，只有小部分在肠内分解，大部分以原形通过肠管，润滑肠道，促进排便。适用于瘤胃积食、小肠阻塞、大肠便秘等。

【用法与用量】内服：一次量 100～300mL 灌服。

二、止泻药

1. 碱式碳酸铋

【性状】为白色或淡黄色的粉末，无臭、无味，在水或乙醇中不溶。

【作用与用途】由于本品不溶于水，内服后大部分可在肠黏膜上与蛋白质结合。

【用法与用量】碱式碳酸片，内服，一次量2~4g。

【注意事项】遇光可缓慢变质。

2. 药用炭（活性炭）

【来源与性状】系将木材或动物骨骼在密闭窖内加高热烧成，研成黑色微细的粉末，无臭、无味，不溶于水。

【作用与用途】药用炭的粉末细小，其吸附作用很强，可吸附大量气体、化学物质和毒素等，也能吸附营养物质。内服到达肠道后，能与肠道中有害物质结合，阻止其吸收，从而减轻肠道内容物对肠壁的刺激，使肠管蠕动减弱，发挥止泻作用。临床上主要用于治疗腹泻、肠炎、胃肠鼓气和排出毒物。外用于浅创，有干燥、抑菌、止血、消炎的作用。

【用法与用量】药用碳片，内服：一次量5~50g。使用时加水制成混悬液服用。在无药用炭时，也可用锅底灰（百草霜）代用。

【注意事项】药用炭的吸附作用属于物理性和可逆的，用于吸附毒物时，必须用盐类泻药促使排出。对于同一病例不宜反复使用，以免影响食欲、消化以及营养物质的吸收等。潮湿后作用降低，必须干燥密封保存。

3. 白陶土

【来源与性状】为天然的含水硅酸盐，用水淘洗去沙，经稀酸处理并冲洗除去杂质制成，为类白色细粉，在水中几乎不溶。

【作用与用途】本品具有一定的吸附作用，但较药用炭差。此外，本品还有收敛作用。临床上主要用于治疗幼畜的腹泻病。

【用法与用量】内服：一次量10~30g。使用时加水制成混悬液灌服。

第七节 生殖系统药

一、子宫收缩药

子宫收缩药是一类能对子宫平滑肌具有选择性兴奋作用的药物。临床上用于催产，排出胎衣、死胎或治疗产后子宫出血。

1. 缩宫素（俗称催产素）

【性状】从牛或猪脑垂体后叶中提取或人工合成。为白色粉末或结晶，能溶于水。

【作用与用途】能选择性兴奋子宫，加强子宫平滑肌的收缩，临床上用于催产、产后子宫出血和胎衣不下等。

【用法与用量】缩宫素注射液，皮下或肌内注射：一次量10~50单位。

【注意事项】产道阻塞、胎位不正、骨盆狭窄及子宫颈尚未开放时应禁用。无分娩预兆时，使用无效。

二、性激素、促性腺激素及促性腺激素释放激素

性激素是由动物性腺分泌的激素，包括雄激素、孕激素和雌激素等。由于促性腺释放因子、促性腺激素和性激素的分泌互为促进，又相互制约，协调统一地调节生殖生理，故将这些激素统称为生殖激素。

1. 丙酸睾酮

【性状】为白色或类白色结晶性粉末，无臭，在三氯甲烷中极易溶解。

【作用与用途】本品可促进雄性生殖器官及副性征的发育、成熟；能引起性欲及性兴奋；还能对抗雄激素的作用，抑制母畜发情。临床上用于雄性激素缺乏时的辅助治疗。

【用法与用量】丙酸睾酮注射液，肌内或皮下注射：一次量每千

克体重 0. 25~0. 5mg。

【注意事项】大剂量丙酸睾酮通过负反馈机制，抑制黄体生成素，进而抑制精子形成。可以作治疗用，但不得在食用动物产品中检出。

2. 苯甲酸雌二醇

【性状】为白色结晶性粉末，无臭，在水中不溶。

【作用与用途】雌二醇能促进雌性器官和副性征的正常生长和发育。可引起子宫颈黏膜细胞增大和分泌增多，阴道黏膜增厚，促进子宫内膜增生和增加子宫平滑肌张力。此外，雌二醇还能影响来自垂体腺的促性腺激素的释放，从而抑制泌乳，以及性激素的分泌。临床上用于发情不明显动物的催情及胎衣不下。

【用法用量】苯甲酸雄二醇注射液，肌内注射：一次量 1~3mg。

【注意事项】妊娠早期的羊禁用，以免引起流产或胎儿畸形。可以作治疗用，但不得在食用动物产品检出。

3. 黄体酮

【性状】白色或类白色的结晶状粉末。无臭无味，在水中不溶。

【作用与用法】黄体可促进子宫内膜及腺体发育，抑制子宫收缩，降低子宫肌对催产素的敏感性，有安胎作用；通过反馈机制，抑制脑垂体前叶黄体生成素的分泌，抑制发情和排卵。临床上用于预防先兆性流产、习惯性流产和控制母羊同期发情。

【用法与用量】黄体注射液，预防流产，肌内注射：一次量 12~25mg 黄体酮阴道缓释剂，插入阴道内用于控制母羊同期发情：每次 1 个，5~8d 后取出。本品可与雄激素、促性腺激素释放激素和前列腺素配合使用。

【注意事项】长期应用可使妊娠期延长。使用黄体酮阴道缓释剂时需戴手套。

4. 绒促性素（绒毛膜促性腺激素）

【性状】为白色或类白色的粉末，溶于水。

【作用与用途】绒促性素有促卵泡素（FSH）和促黄体素（LH）

样作用。对母羊可促进卵泡成熟、排卵和黄体生成，并刺激黄体分泌孕激素。对公羊可促进精子形成。用于性功能障碍、习惯性流产及卵巢囊肿等，还可促进发情、排卵，有时可提高母羊受精率。

【用法与用量】注射用绒促性素，肌内注射：一次量 100~500 单位。1 周 2~3 次。

【注意事项】不宜长期应用，以免产生抗体和抑制垂体促性腺功能。

5. 血促性素（血清促性腺激素）

【来源与性状】本品为孕马血浆中提取的血清促性腺激素，为白色或类白色。

【作用与用途】同绒促性素具有促卵泡素和促黄体素样作用。临床上主要用于母羊催情和促进卵泡发育，也用于胚胎移植时的超数排卵治疗用。

【用法与用量】注射用血促性素，皮下或肌内注射：一次量，催情用 10 500 单位；超排用，母羊 600~1 000 单位。临用前，用灭菌生理盐水 2~5mL。

【注意事项】可参见注射用绒促性素。

第十二章　贵州黑山羊养殖档案

一、养殖档案封面

养殖档案封面可参考如下模板。

贵州黑山羊养殖档案

单　位　名　称：贵州省畜牧兽医研究所

畜禽养殖代码：

动物防疫条件合格证号码：

畜　禽　种　类：贵州黑山羊

圈　舍　数　量：2 520 平方米

贵州省畜牧兽医研究所编制

二、养殖场平面布局图

根据养殖场实际，采用专业术语标明本场大门、进口、出口，净道、污道及各个功能区，标明各建筑物的长、宽、高等数据，标明层数、进出口、名称。

三、免疫制度

根据本地区常发疫病情况，结合国家强制免疫要求，根据本场发病史，制定验证并确定本场的特定免疫制定或免疫程序（参见羊场免疫程序）。

四、种羊系谱档案表

种羊系谱档案可参照“种羊选择与系谱构建”执行。

五、种母羊配种记录表

种母羊配种记录表参照以下模板。

技术负责人：　　　　记录人：　　　　复核人：　　　　第　　页

母羊耳号	与配公羊耳号	配种时间	复配时间	预产期

六、种母羊配种产羔记录表

种母羊配种产羔记录表参照以下模板。

技术负责人：　　　　记录人：　　　　复核人：　　　　第　　页

配种母羊		选配公羊		配种						分娩日期				产羔												备注
母羊号	体重	公羊号	体重	第一次配种			第二次配种			预产期	生产期	母羊胎次	同胎只数	1				2				3				
				日期	本交	AI	日期	本交	AI					编号	性别	初重	毛色	编号	性别	初重	毛色	编号	性别	初重	毛色	
适配母羊　　　只，同批配种　　　只，受孕　　　只，流产　　　只，产羔　　　只，产羔率　　　%																										
年配种　　　只，年受孕　　　只，年流产　　　只，年产羔　　　只，年产羔率　　　%																										

七、羔羊生长记录表

羔羊生长记录表参照以下模板。

技术负责人：　　　记录人：　　　复核人：　　　第　　页

个体号：＿＿＿＿　出生日期：＿＿＿＿　性别：＿＿＿＿

记录日期	体重（kg）	体长（cm）	体高（cm）	胸深（cm）	胸围（cm）	管围（cm）	初生重	3月龄重	6月龄重	周岁重	24月龄重	缺陷	综合评分

八、种羊年度繁殖成绩统计记录表

能繁母羊年度繁殖成绩统计记录表参照以下模板。

技术负责人： 记录人： 复核人： 第 页

母羊标号	第一次配种期	预产期	妊娠天数	产活羔数	优质羔羊数	第二次配种期	预产期	妊娠天数	产活羔数	优质羔羊数	年断奶成活数	年繁殖率	年繁殖成活率	优质羔羊数

种公羊年度繁殖成绩统计记录表参照以下模板。

技术负责人： 记录人： 复核人： 第 页

公羊标号	配种数	返情数	活羔数	年产优质羔羊数	后代公羊综合评定	后代母羊综合评定

（续表）

公羊标号	配种数	返情数	活羔数	年产优质羔羊数	后代公羊综合评定	后代母羊综合评定

九、引种记录表

引种记录表参照以下模板。

技术负责人：　　记录人：　　复核人：　　第　页

进场日期	品 种	引种数（只）	供种场	检疫证编号	隔离时间	并群日期	兽医签名

（续表）

进场日期	品 种	引种数（只）	供种场	检疫证编号	隔离时间	并群日期	兽医签名

十、存栏变动记录表

存栏变动记录表参照以下模板。

技术负责人：　　　　记录人：　　　　复核人：　　　　第　　页

日期	栋、栏号	变动情况（只）				存栏数（只）	备注
		出生数	调入数	调出数	死、淘数		

十一、出场销售和检疫情况记录表

商品羊出场销售和检疫情况记录参照以下模板。

技术负责人：　　　　记录人：　　　　复核人：　　　　第　　页

出场日期	品种	栋、栏号	数量（只）	出售动物日龄	销往地点及货主	检疫情况			曾使用的有停药期要求的药物		经办人
						合格头数	检疫证号	检疫员	药物名称	停药时动物日龄	

十二、种羊生产性能测定与产销记录

种羊生产性能测定与产销记录参照以下模板。

技术负责人：　　　　记录人：　　　　复核人：　　　　第　　页

品种	日期	生产编号		性能测定编号		种羊销售编号		主要销往地区	备注
		公	母	公	母	公	母		
	年度合计								

注：1. 在获得种畜禽经营许可证有效期限内，分年对种羊产销数量进行填写。2. 性能测定量是指系谱记录完整，有初生、断奶、6 月龄、周岁体重测定成绩。3. 销售地区指县（区）以上地区及具体地址。

十三、饲料饲草使用记录

饲料（含添加剂）、饲草使用记录参照以下模板。

技术负责人：　　记录人：　　复核人：　　第　页

通用名称	生产厂家	生产许可证号	生产日期	开始使用时间	停止使用时间	用量（kg）	备注

十四、兽药使用记录

兽药使用记录参照以下模板。

技术负责人：　　记录人：　　复核人：　　第　页

通用名称	规格	生产厂家	生产许可证号	批准文号	生产批号	用量	使用时间		预计出栏时间
							开始	停止	

（续表）

通用名称	规格	生产厂家	生产许可证号	批准文号	生产批号	用量	使用时间		预计出栏时间
							开始	停止	

十五、消毒记录

消毒记录参照以下模板。

技术负责人：　　　　　记录人：　　　　　复核人：　　　　　第　　页

日期	消毒场所	消毒药名称	用药剂量	消毒方法	操作员签字

十六、免疫记录

免疫记录参照以下模板。

技术负责人：　　　　记录人：　　　　复核人：　　　　第　　页

时间	动物编号	免疫数量	免疫标识编码	疫苗名称	疫苗型号	疫苗生产厂家	批号	免疫方法	免疫剂量	免疫人员

十七、诊疗记录

诊疗记录参照以下模板。

技术负责人：　　　　记录人：　　　　复核人：　　　　第　　页

时间	羊只编码	日龄	发病数	病因	诊疗人员	用药名称	用药方法	诊疗结果

十八、病死羊无害化处理记录

病死羊无害化处理记录参照以下模板。

技术负责人：　　　记录人：　　　复核人：　　　第　页

日期	数量	处理或死亡原因	羊标识编码	处理方法	处理单位（或责任人）	备注

参考文献

冯仰廉，2004. 反刍动物营养学［M］. 北京：科学出版社.

贵州省畜牧兽医科学研究所，贵州省农业厅畜牧局，1986. 贵州主要野生牧草图谱［M］. 贵阳：贵州人民出版社.

黄明蓉，王锋，2015. 肉用山羊养殖与疾病防治新技术［M］. 北京：中国农业科学技术出版社.

李观题，李娟，2013. 羊场兽药科学使用与养病防治技术［M］. 北京：中国农业科学技术出版社.

刘德芳，1993. 配合饲料科学［M］. 北京：中国农业大学出版社.

现代肉羊产业技术体系营养与饲料功能研究室，2013. 肉羊养殖新技术［M］. 北京：中国农业科学技术出版社.

张锦华，2018. 中国西南喀斯特地区家庭牧场生产技术［M］. 北京：化学工业出版社.

张开邦，2007. 山羊养殖与经营技巧［M］. 贵阳：贵州科技出版社.

张丽英，2010. 饲料分析及饲料质量检测技术［M］. 北京：中国农业大学出版社，48-150.

张乃锋，2017. 新编羊饲料配方 600 例［M］. 北京：化学工业出版社.